# 然犀志

〔清〕李调元◎著

刘　斌◎译注

天津社会科学院出版社

图书在版编目（CIP）数据

　　然犀志译注 ／（清）李调元著 ； 刘斌译注. -- 天津：
天津社会科学院出版社，2023.6
　　ISBN 978-7-5563-0887-3

　　Ⅰ．①然… Ⅱ．①李… ②刘… Ⅲ．①水生动物－海
洋生物－普及读物 Ⅳ．①Q958.885.3-49

　　中国国家版本馆CIP数据核字(2023)第102062号

---

**然犀志译注**
RANXIZHI YIZHU

---

选题策划：胡宇尘

责任编辑：柳　晔

责任校对：王　丽

装帧设计：高馨月

出版发行：天津社会科学院出版社

地　　址：天津市南开区迎水道 7 号

邮　　编：300191

电　　话：（022）23360165

印　　刷：北京盛通印刷股份有限公司

---

开　　本：787×1092　　1/16

印　　张：12.5

字　　数：60 千字

版　　次：2023 年 6 月第 1 版　　2023 年 6 月第 1 次印刷

定　　价：88.00 元

---

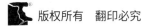

# 然犀志卷上

綿州李調元贊菴輯著

## 三脚蟾

三脚蟾魚類形如蝌斗而扁合左右兩翅視之僞如
三足蟾蜍故名口大有齒細如針審如毛下斷長于
上唇唇之内別生竅空如重唇也眼生背上左右有
二刺而分岐腹下有二短足各五爪背黄黑色腹白
色而無鱗

## 銅鑼槌

銅鑼槌魚類首體楕圓而尾脩形如擊鑼槌子故名

序

读罢哈尔滨师范大学刘斌老师的《然犀志译注》，击节叹赏之余，感慨系之亦多。

先说感慨。因为参与浙江刘基学术研究和文化建设，考虑到刘基诗文创作的地位和影响，我曾向有关方面建言设立"刘基文集校注"专项，因为能否有诗文集的校注本，常常是衡量一个古代作家历史地位的标志之一。而以文献整理为前提，以学术研究为基础，以文化普及为抓手，也正是浙江文化强省建设的亮点之一。

从浙江回到广东，"食在广州"，迄今仍可谓岭南文化最伟光正的靓丽名片之一。可是，当我2006年涉足岭南饮食文化研究时，发现尽管市面上相关图书甚多，但从学术文化角度来讲，堪称一片荒芜，因为几乎没有人做基础史料的搜集整理和研究工作，文献乏征，以讹传讹，难免流于"自嗨"。这么多年来，我一直致力于发掘一手文献进行研究写作，出版了十来本书。胡文辉为我的《饮食西游记：晚清民国海外中餐馆的历史与文化》作序，称饮食研究是"小道"，是传统的文史学者这些"大人先生"所不屑为的，而我孜孜于此，值得表彰。所以"澎湃新闻"在刊发时，编辑便拟了一个标题——将歧路走成正道。现在对照刘斌先生的这本书及其相关研究，真是有些汗颜——最正的道，还是要像刘老师这样从校注做起。其实我们中山大学古代文学特别是古代戏曲研究的开山师祖王季思先生，就是以《西厢记》的校注成名并确立学术地位的，门下博士生入门的功课便都是从古籍校点做起——注则更繁难了。

本来，我最初进入饮食文化研究，也是打算从饮食文献的校注做起的——一个在出版社做领导的师兄，邀我搜集整理岭南饮食的历史文献，可是一番努力之后，却尴尬地发现：这样的书怎么出版呢？既没销售市场，也不算科研成果，所以我便半途而废，改成学术文化随笔在《南方都市报》开辟专栏刊发，然后再结集出版，折腾一番，已近似为稻粱谋了。相形之下，刘斌先生致力于"小道"中更费力的文献译注，融文献、研究与普及于一炉，为岭南文化研究和普及做了重要贡献，我们不仅要感谢他，也要感谢资助和支持出版的所在学校与出版社。下面就需要再具体谈谈刘斌老师的贡献。

2019 年，刘斌老师点校整理了清代康熙年间学者、画师聂璜的博物学著作《海错图》，并于 2022 年出版了三卷本的《海错图译注》。《海错图》堪称是我国古代的一部奇书，其学术价值自然是《然犀志》无法相比的，包括刘老师的《海错图译注》在内，学术界已有数部关于《海错图》的重量级著作，而关于《然犀志》的尚付阙如。但据我看，如果我们深入了解这本《然犀志》的背景，对其进行译注的价值和意义，却未必在《海错图》之下。

首先，这本书所述，皆属岭海方物，而"食在广州"以海鲜为最著，那么加以注释出版这本书，就有很强的现实意义。关键是，岭南至今没有一本像样的博物文献校注本，更没有注译本。2022年我们在应邀撰写《荔枝赋：岭南荔枝文化九章》过程中，也发现固然有一些文献整理本，但实在是拿不到学术台面上。以此而言，刘斌先生这本《然犀志译注》，就堪称填补空白，大有功于岭南文化了。

其实李调元写这本书，特别是将其从《南越笔记》中独立出来，实在是有他的用意在。他的父亲李化楠撰著的《醒园录》，是清代重要的饮食文献，更被川菜研究者祖述为经典文献。因为李化楠长期为官江南，《醒园录》所著录，远不止于蜀中饮食方物，而是多有江南味道在焉。他们父子都是进士出身，李调元作为《醒园录》的整理刊布者，自然有感于其意义所在，他将《然犀志》独立成书，也有父子比肩的意味，我们不可小觑。

再细一点谈，更可见刘斌先生之功力。日前旅日学者史杰鹏发表公号文章《我还是决定放弃给大家推荐古书注本了》，认为与其看今人功力不逮粗制滥造的注本，还不如看清人旧注。问题是，像《然犀志》等压根没有古人注本，也没有今人注本，刘斌先生不挺身而出，如读者何？又如研究者何？

我们知道，校点注释首要的是选好底本——他先选了丛书集成本，当然没错。但当他校注至"龙虾"条时发现丛书集成本有缺文，校注至"西施舌"条时，更是觉得"脆啮妃子唇"一句殊不可解。几番搜索终不可得，便转向搜集其他刊本比勘，几番努力之下，在"巨资"购得清光绪七年刊本后，细加校核，方知"脆"乃"诧"之误。"一字千金"的收获促使他重起炉灶，转以光绪刊本为底本重新点校，并由此发现丛书集成本和其他参校本的诸多讹误，嘉惠读者良多。

又想起刘斌先生的东北同乡岭南耆宿王贵忱先生，因感于罗振玉先生研究甲骨文献而名书斋为"殷礼在斯堂"，遂名己斋为"越礼在斯堂"，意在守护岭南旧学。刘斌先生一直从事古代文学的教学与研究，在围棋、武术、古琴、灯谜等传统文化研究领域亦颇有成绩。现在，这本《然犀志译注》又涉足了岭南方物的研究，尽管刘老师的出发点是古籍的整理与译注，但从岭南文化研究的角度看，这也堪称发扬大乡先贤的"越礼"事业了。作为长居岭南之人，也应聊致谢意，故不揣谫陋，略赘数语，不敢言序。

周松芳

# 原序

　　水族[1]之适用惟鱼[2]，而鱼之类不一。江、淮、河、汉之鱼，尚可约指，而海中之鱼之众，则尤琐屑[3]而难名。余视学[4]粤东，遍至其地，如广、惠、潮、高、雷、廉、琼，半皆滨海，以故供食馔[5]者惟鱼为先。而其中奇奇怪怪、令人瞠目[6]而不下箸[7]者，指不胜屈[8]。以是博采方言，按[9]诸山海地志[10]，一一精细备载。每得一物，即志[11]其形状，考其出处。即非鱼类，如介虫[12]之属，亦附于鱼之族。日久所得，裒[13]然成编，以其皆鳞介之物，故以"然犀[14]"名之，聊以遮挂一漏万[15]之讥，非如温峤[16]之必照见幽潜[17]也。余曾有《南越笔记》[18]，靡不[19]收入。而又别为此编者，以粤中之鱼较多他处也云尔。

　　　　　　　　　　己亥[20]冬十月罗江[21]李调元雨村撰

## 【注释】

[1] 水族：水生动物的统称。

[2] 鱼：现代生物学意义上的"鱼"指脊索动物门脊椎动物亚门中软骨鱼纲和硬骨鱼纲动物的统称。囿于当时的认知水平，人们把一些水生哺乳动物、两栖动物等也都视为鱼类，再加上作者将介虫之类动物也"附于鱼之族"，故本书实际收录的水族不仅包括鱼类，还包括哺乳动物、两栖动物、爬行动物及一些无脊椎动物。

[3] 琐屑：烦琐，细碎。

[4] 视学：天子亲往或派有司到国学进行考试，后泛指官员考察学政。此处指乾隆四十二年（1777）至乾隆四十六年（1781）李调元担任广东学政一职。

[5] 馔（zhuàn）：饭食。

[6] 瞠目：张大眼睛直视，形容受窘、惊恐或惊讶的样子。

[7] 下箸：指用筷子夹食物，引申为吃。语出《晋书·何曾列传》。箸：筷子。

[8] 指不胜屈：扳着指头数也数不过来，形容数量很多。

[9] 按：考查，研求。

[10] 地志：记载国或区域的地形、气候、居民、政治、物产、交通等方面概貌及变迁的书。

[11] 志：记述，记载。

[12] 介虫：古代所称的"五虫"之一，本指有甲壳的虫类及水族，也泛

指除羽、毛、鳞、倮之外的其他动物。亦称"甲虫"（与今之"甲虫"概念不同）、"昆虫"（与今生物学之"昆虫"概念不同）。

[13] 裒（póu）：聚集。《诗经·小雅·常棣》："原隰裒矣，兄弟求矣。"毛传："裒，聚也。"引申为聚敛、搜集。

[14] 然犀：即"燃犀"。东晋时，温峤来到牛渚矶，见这里水深不可测，又听说水中有许多水怪，便点燃犀牛角来照看。不一会儿，看见水下灯火通明，水怪奇形怪状，有的乘着马车穿着红衣。（至牛渚矶，水深不可测，世云其下多怪物，峤遂毁犀角而照之。须臾，见水族覆火，奇形异状，或乘马车着赤衣者。）典出《晋书·温峤列传》和《异苑》。"然"为"燃"之古字，作者为追求古雅，故写作"然犀"。

[15] 挂一漏万：选了一个，但遗漏很多，形容列举不周，一般用来自谦。语出〔唐〕韩愈《南山》（一作《南山诗》）："团辞试提挈，挂一念万漏。"

[16] 温峤（288—329）：字太真，并州太原郡祁县（今山西省祁县）人，东晋名将。

[17] 幽潜：深水。

[18]《南越笔记》：一部极有价值的清代笔记，为李调元所著，共十六卷，记载了广东天文地理、风土人情、矿藏物产等内容。

[19] 靡（mǐ）不：无不。

[20] 己亥：此指乾隆四十四年，公元1779年。

[21] 罗江：今为罗江区，隶属于四川省德阳市。

## 【译文】

水族当中最有用的唯有鱼类，而鱼的种类繁多。长江、淮河、黄河、汉江里的鱼，尚且可以大概指认，而海中众多的鱼，繁杂而难以说出名字。我到粤东地区担任学政，走遍了那里的每个地方。如广州、惠州、潮州、高州、雷州、廉州、琼州，一半都临海，因此供人们食用的，首先是鱼类。而其中奇奇怪怪、令人惊讶得难以动筷的，简直数不胜数。因此，我广泛收集方言，考查关于山海的地志，一一精细地充分记录。每了解到一样东西，就记录下它的形状，考证它的出处。即便不是鱼类，如介虫之类的，也附于鱼类之中。时间长了，所得资料汇辑成编，因所记的都是鳞虫、介虫之类的动物，所以就用"然犀"给此书命名，姑且掩盖因遗漏太多而遭到的嘲笑，并非是想如温峤那样一定要照见深水里的一切。我曾撰有《南越笔记》，所见事物无不收入。但又专门撰写此书，是因为粤中的鱼比别的地方多罢了。

己亥冬十月罗江李调元雨村撰

# 目录

## 上　卷

## 下　卷

## 附

上卷

三脚蟾[1]，鱼类，形如蝌斗[2]而扁，合左右两翅[3]视之，俨如三足蟾蜍[4]，故名。口大有齿，细如针，密如毳[5]。下颚长于上唇，唇之内别生窍，空如重唇也。眼生背上，左右有二刺而分岐[6]，腹下有二短足，各五爪。背黄黑色，腹白色而无鳞。

## 【注释】

[1] 三脚蟾：即鮟鱇。鮟鱇俗称"蛤蟆鱼""海蛤蟆"。

[2] 蝌斗：即蝌蚪。

[3] 翅：鱼类的鳍。

[4] 三足蟾蜍：我国民间传说中的吉祥物，又称"咬钱蟾蜍"。三足蟾蜍有三只脚，背上背着北斗七星，嘴里衔着两串铜钱，头上顶着太极两仪。传说它能口吐金钱，是旺财之物。

[5] 毳（cuì）：鸟兽的细毛。亦指寒毛，即人体表面生的细毛。

[6] 岐：同"歧"，分叉。

## 【译文】

三脚蟾，是一种鱼，长得像蝌蚪但比蝌蚪扁，连同左右鳍一起看，简直就像是传说中的三足蟾蜍，所以得名。它的嘴很大，里面有牙，牙像针那样细，像鸟兽的细毛那样密。它的下颚比上唇长，唇里又另生有孔窍，空洞得好像有两重嘴唇。它的眼睛长在背上，左右长有分叉的两根刺，腹部下面有两只短足，各分五个爪尖。它的背部为黄黑色，腹部呈白色而没有鳞片。

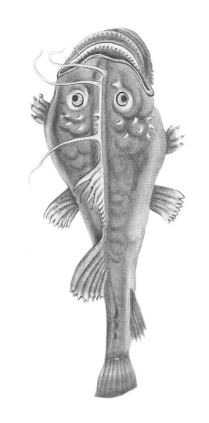

◎ 清宫旧藏《海怪图记》中的鮟鱇

铜锣槌[1]，鱼类，首体椭圆而尾修[2]，形如击锣槌子，故名。口有齿而下颚长，两眼平视而近唇，背具六刺，左右匀排。颚下有小划[3]二，鳃后有大划二。背色黑，有斑点如鳢[4]而无鳞。

【注释】

[1] 铜锣槌：也作"铜锣锤"，潮汕地区亦俗称之为"铜锣乖"。即䲟（téng）鱼，俗名"敏鱼""鮸（miǎn）鱼"，又称"网纹䲟"。

[2] 修：长。

[3] 划：又称"划水"，指鱼类等用来划水的鳍，通常特指胸鳍。

[4] 鳢（lǐ）：一种淡水鱼，也叫"黑鱼""乌鳢"。黄褐色，有黑色斑块。性凶猛，是肉食性鱼类。

**【译文】**

铜锣槌，是一种鱼，它头部和身体呈椭圆形，尾巴修长，样子像敲锣的槌子，由此得名。它嘴里有牙齿，下颚很长，两眼平视，接近唇部。它的背部有六根刺，左右均匀排布。它的下颚的下面有两个划水的小鳍，鳃后有两个划水的大鳍。它背部呈黑色，有像鳢鱼一样的斑点但没有鳞片。

虎沙[1]，沙鱼[2]之一种，其形条长，四划，类蜥蜴，其头绝类[3]虎头，身无鳞而有黑纹，又类寸白蛇[4]。尾有一鬣[5]。

**【注释】**

[1] 虎沙：即虎鲨。

[2] 沙鱼：即鲨鱼。古代典籍中鲨鱼常作"沙鱼"，译文一律按现代习惯作"鲨鱼"。

[3] 绝类：非常相似。

[4] 寸白蛇：一般指银环蛇，是眼镜蛇科环蛇属的一种动物，毒性极强，为陆地第四大毒蛇。

[5] 鬣：马、狮子等兽类项上的长毛，亦指鱼颔旁小鳍。《古今韵会举要·叶（xié）韵》引《增韵》："鬣，鱼龙颔旁小鳍皆曰'鬣'。"这里指鲨鱼尾巴上方的小鳍。

◎〔清〕聂璜《海错图》中的虎鲨

## 【译文】

虎沙，是鲨鱼的一种，呈长条形，长着四个划水的鳍，样子像蜥蜴。它的头特别像虎头，身上没有鳞片，但有黑色的条纹，很像寸白蛇。它的尾部有一个小鬣鳍。

虾蛄[1]，形类虾，无须[2]而尾扁阔，类乎螳螂。

**【注释】**

[1] 虾蛄：海产甲壳动物，又名"琴虾""螳螂蛄"，俗称"皮皮虾"。

[2] 无须：〔清〕聂璜《海错图》称其"首有二须"。按：虾蛄头部前端有触角两对，第一对触角柄部细长，即《海错图》所言"二须"，《然犀志》"无须"之说不知依何标准。

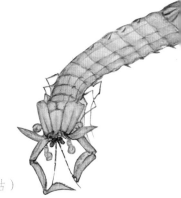

◎〔清〕赵之谦《异鱼图》中的琴虾（虾蛄）

## 【译文】

虾蛄，形状像虾，没有须子，尾巴又扁又宽，样子像螳螂。

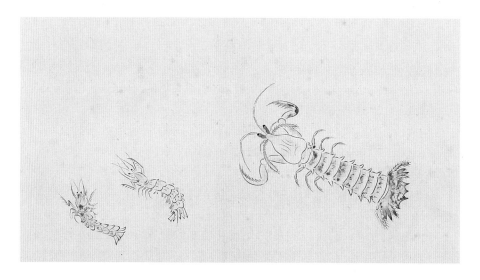

◎〔清〕聂璜《海错图》中的琴虾（虾蛄）

花蟹[1]，八跪[2]二螯[3]，与诸蟹同，但跪小而螯大，几与筐[4]等。筐与螯有斑文[5]，如湘竹[6]，如贝锦[7]。其敛螯足之时，又如龟之藏六[8]，无罅[9]可窥。

【注释】

[1] 蟹：原文标题作异体字"蠏"，正文作"蟹"。原书中"蠏""蟹"混用，点校时统一作"蟹"。

[2] 跪：蟹腿。

[3] 螯：螃蟹等节肢动物的变形的第一对脚，形状像钳子，能开合，用来取食或自卫。

[4] 筐：蟹壳。本作"匡"（"匡"为"筐"的古字）。《礼记·檀弓下》："蚕则绩而蟹有匡。"孔颖达疏："蟹背壳似匡。"

[5] 斑文：即斑纹。文，同"纹"。

[6] 湘竹：亦称"湘妃竹""泪竹"，即"斑竹"，是著名的观赏竹，竿有紫褐色或淡褐色斑点。传说舜帝崩殂，其妻娥皇、女英闻讯，抱竹痛哭，流泪成血，洒于竹上，形成斑点。〔晋〕张华《博物志》卷八："尧之二女，舜之二妃，曰'湘夫人'，舜崩，二妃啼，以涕挥竹，竹尽斑。"

[7] 贝锦：指像贝的文采一样美丽的织锦。《文选·左思〈蜀都赋〉》："贝锦斐成，濯色江波。"刘逵注："贝锦，锦文也。"

[8] 龟之藏六：指龟收起头、尾和四肢。

[9] 罅（xià）：缝隙，裂缝，用来比喻事情的漏洞。

## 【译文】

花蟹，有八条腿和两个螯钳，这与其他的各种蟹都是一样的，但它的腿小、蟹螯大，蟹螯几乎与蟹壳一般大小。它的蟹壳和蟹螯上都有斑纹，那花纹像湘妃竹和织锦纹一样。当它收起蟹螯和蟹腿的时候，就像乌龟收起头尾和四肢一样，没有缝隙可以窥视。

石蟹，匡[1]脐螯足遍体磊砢[2]，不啻[3]黄石[4]之皱瘦[5]也，故名。然匡纹凹凸，俨如怒猊[6]，大鼻睅目[7]，虽缋[8]刻亦逊其巧。

## 【注释】

[1] 匡：螃蟹的壳。参见 011 页注释 [4]。

[2] 磊砢（luǒ）：亦作"磊坷""磔砢"，众多委积的石头。这里指疙瘩多。

[3] 不啻（chì）：如同。

[4] 黄石：一种可做假山的石头。

[5] 皱瘦：与"透""漏"并称为古代"赏石四字诀"。赏石四字诀是中国最早的鉴赏岩石优劣的标准，由宋代书画家米芾提出。"瘦"指体态挺拔秀丽，"皱"指凹凸相间有序，"漏"指孔洞层层相套，"透"指孔洞贯通、纹理纵横。这四字诀最初是针对太湖石提出的鉴赏标准，由于它涵盖了造型岩石和观赏石的基本美学特征，后被广泛应用于造型岩石和观赏石的评价中。

[6] 怒猊（ní）：愤怒的狮子，多形容笔势或文风遒劲，这里是用其字面意思。猊：狻（suān）猊，我国古代神话传说中的神兽，龙的九子之一，常被用来装饰香炉脚部。因狻猊形似狮子，故而狮子亦别称"狻猊"。《穆天子传》："名兽使足走千里，狻猊、野马走五百里。"郭璞注："狻猊，狮子。亦食虎豹。"《尔雅·释兽》："狻猊，如彪猫，食虎豹。"郭璞注："即狮子也，出西域。"

[7] 睅（hàn）目：鼓出眼睛，圆睁的眼睛。

[8] 缋（huì）：绘画。

## 【译文】

石蟹，它的蟹壳、蟹脐、蟹螯、蟹腿全都长满疙瘩，如同制作假山的黄石一样又皱又瘦，所以得名。它的蟹壳上纹理凹凸，样子好像发怒的狮子，仿佛能看出大大的狮鼻和圆睁的狮眼，即便是绘画和雕刻出来的，也没有这么精巧。

花螺，椭形如巨贝而尾不尖长，黄质黑章[1]，肉亦具黑花条条，如彪[2]虎之皮。

◎〔清〕聂璜《海错图》中的花螺

**【注释】**

[1] 黄质黑章：黄色底子，黑色花纹。

[2] 彪：我国古代典籍中描写的一种排在虎豹之间的神秘动物。〔金〕元好问《癸辛杂识（zhì）》："谚云：'虎生三子，必有一彪。'彪最犷恶，能食虎子也。"

**【译文】**

花螺，呈椭圆形，像巨贝但尾巴不尖不长，黄色底子，黑色花纹，它的肉也有条条黑花，像彪和虎的皮一样。

指甲蛏[1]，大可[2]二寸，圆长如指甲，壳白薄，亦如人爪甲。有肉须二，吐壳外，触之则摄[3]缩入内。

**【注释】**

[1] 蛏：音 chēng。

[2] 可：大约。

[3] 摄：收敛。

**【译文】**

指甲蛏，长度大约两寸，体形圆长，像指甲的形状，它的壳又白又薄，也像人的指甲一样。它生有两根肉须，伸出壳外，一触碰就缩入壳内。

海镜，蛤[1]类也。形如荷包，其粘连处类口，其开张处类囊，其内条条亦如褶焉，而色一白一红。潮人呼为"日月"。壳中有红色小蟹，时出觅食，蟹饱则海镜不饥。按：介属中腹藏小蟹者尚有二：一为璅珸[2]，一为红蠃[3]。唯此肉白如雪，两壳相合甚圆，故又名"石镜"。其中小蟹谓之"蚌奴[4]"，又谓之"蟹奴[5]"，任昉[6]所谓"筯[7]"是也。

**【注释】**

[1] 蛤：音 gé。

[2] 璅珸（suǒ jié）：即寄居蟹。又作"琐珸"。〔唐〕皮日休《病中有人惠海蟹转寄鲁望》诗："族类分明连琐珸，形容好个似蟛蜞。"又作"璅蛣（qiè）""琐蛣""琐结"，〔晋〕郭璞《江赋》"璅蛣腹蟹"。李善注引《南越志》："璅蛣，长寸余，大者长而三寸，腹中有蟹子，如榆荚，合体共生，俱为蛣取食。"亦可称为"蛣"，〔晋〕葛洪《抱朴子·对俗》："川蟹不归而蛣败，桑树见断而蠹殄。"〔明〕陈继儒《珍珠船》卷四："安怀县有蛣，长

二寸，似小蚌，有一小蟹在腹中，为蛄出求食，谓之'蟹奴'。"

[3] 蠃：音 luǒ。

[4] 蚌奴：《通雅》卷四十七："《赋》：'琐结腹蟹，水母目虾。'"陶隐居言："寄居似蜗牛，腹有小蟹出入，此名'蚌奴'。"

[5] 蟹奴：〔南朝梁〕任昉《述异记》卷下："璨琋似小蚌，有一小蟹在腹中，琋出求食，故淮海之人呼为'蟹奴'。"〔宋〕傅肱《蟹谱》上篇："郭景纯《江赋》云：'琐琋腹蟹，水母目虾。'又《松陵集》注云：'琐琋似蟀，常有一小蟹在腹中，为琐琋出求食，蟹或不至，琋馁死。'所以淮海人呼为'蟹奴'。"

[6] 任昉（fǎng）（460—508）：字彦升，乐安郡博昌（今山东省寿光市）人。南朝梁著名的文学家、方志学家、藏书家，"竟陵八友"之一，著有《述异记》。

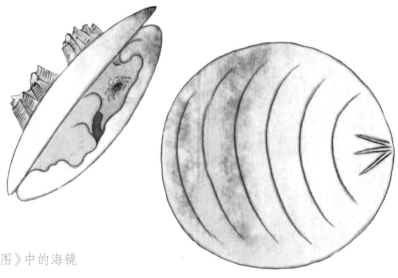

◎〔清〕聂璜《海错图》中的海镜

[7] 蚏:《述异记》卷下:"南海有水虫名曰'蚏',蚌蛤之类也。其小蟹大如榆荚,蚏开甲食,则蟹亦出食,蚏合甲,蟹亦还如为蚏取食,以终始生死不相离。"

## 【译文】

海镜,是一种蛤。它的形状像荷包,粘连的地方像嘴,张开的地方像口袋,它的内部一条一条像褶皱一样,而颜色是红白相间。潮州人称它为"日月"。它的壳里有红色的小蟹,经常出来觅食,小蟹吃饱了海镜就不会饥饿。按:腹中藏有小蟹的介类还有两种:一种是璅蛣,一种是红蠃。只有这种蛤,肉白得像雪一样,两壳合在一起非常圆,所以又叫"石镜"。其中的小蟹被称为"蚌奴",又被称为"蟹奴",任昉所说的"蚏"就是指它。

璅玮，状如珠琒[1]，壳青黑色。小者长寸，大者长二三寸。唯生白沙中，不污泥淖[2]，互物[3]中之最洁者也。有两肉柱，能长短。又有数白蟹子在腹中，状如榆荚[4]，常为之出取口实[5]。郭璞所谓"璅玮腹蟹"、葛洪[6]所谓"小蟹不归而玮败"是也。一名"共命蠃"，又名"月蛣"。每冬大雪则肥，莹滑如玉，日映如云母。味甘，盖海错[7]之至珍者。谚曰："霜蟹雪蠃，味不在多[8]。"凡蠃，皆以雪肥，蟹则以霜。

## 【注释】

[1] 琒（běng）：古代刀鞘上端的装饰物。〔汉〕刘熙《释名》："刀室口之饰曰'琒'。琒，捧也，捧束口也。"

[2] 泥淖（nào）：泥泞的低洼地，也指烂泥、泥坑。

[3] 互物：甲壳类动物的总称。《周礼·地官》："掌蜃掌敛互物、蜃物。"郑玄注："互物，蚌蛤之属。"

[4] 榆荚：榆树的种子，也叫榆钱儿。

[5] 口实：口中食物。

[6] 葛洪（283—363）：字稚川，自号抱朴子，丹阳郡句容（今江苏省句容市）人，东晋道教理论家、化学家、医药学家，著有《抱朴子》《肘后备急方》《神仙传》以及《玉函方》（已佚）等。

[7] 海错：众多的海产品。语出《尚书·禹贡》："厥贡盐絺，海物惟错。"古代典籍亦有以"海错"命名者，如明代屠本畯的《闽中海错疏》、清代聂璜的《海错图》、清代郝懿行的《记海错》、清代郭柏苍的《海错百一录》等。

[8] 霜蟹雪蠃，味不在多：语出《明诗综》卷一百之《广州谚》。

## 【译文】

璅珪，样子像珍珠装饰的刀鞘口，它的壳呈青黑色。小的璅珪有一寸长，大的长二三寸。它只生长在白沙之中，不为淤泥所染，是甲壳类动物中最洁净的。它有两根肉柱，能长能短。又有几只白色小蟹在腹中，样子像榆钱儿一样，经常为它出去觅食。郭璞所说的"璅珪腹蟹"、葛洪所说的"小蟹不归而珪败"指的就是它。它也叫"共蠃"，又叫"月蛄"。每年冬天大雪时璅珪就长得很肥，莹润光滑像玉一样，太阳映照之下如同云母一般。它的味道甘美，是海产中极为珍贵的品种。广州谚语说："下霜时产的蟹和下雪时产的蠃，量虽少而味绝佳。"凡是蠃类，都是在下雪时最肥美，而蟹则是在下霜时最肥美。

红嬴,腹中亦有小蟹,渔人以钓取之。

【译文】

红嬴,腹中也有小蟹,渔民使用诱饵来捕获它。

　　鲆[1]鱼，一名"海燕"。大者盈车[2]，头如蝙蝠，身势如翔燕，尾有鬣，其岐亦类燕剪[3]。当岐之间，复有修圆之尾，形等委蛇[4]。其胁[5]各具扁孔五，层叠相间，大概与蒲鱼相类，亦无鳞甲。按：《齐书[6]·五行志》载："永明九年[7]，盐官县[8]石浦有海鱼乘潮来，水退不得去，长三十余丈，黑色无鳞，有声如牛[9]，土人[10]呼为'海燕'。取食之[11]。"其即是欤？

　　琼府[12]旧志有"燕鱼"，脊皮有沙[13]，肉白味美。新志云：有赤、白、黄三种，两翅似燕，能飞翔海上，故以"燕"名，俗呼为"老鸦鱼"。新旧二志皆不详尽，疑即此鲆鱼也。

**【注释】**

[1] 鲆：音 hū。

[2] 盈车：装满一车。古人形容鱼儿特别大而肥常用此语，是说一条鱼就能装满一辆车。如《列子·汤问》："詹何以独茧丝为纶，芒针为钩，荆筿为竿，剖粒为饵，引盈车之鱼于百仞之渊、汩流之中。"〔晋〕张湛注："《家

语》曰：'鲲鱼，其大盈车'。"

[3] 燕剪：亦作"燕翦"，指燕尾。因分叉如剪刀，故称。

[4] 委蛇：神话传说中的蛇。《庄子·达生》："委蛇，其大如毂，其长如辕，紫衣而朱冠。其为物也，恶闻雷车之声，则捧其首而立。见之者殆乎霸。"（按："委蛇"一词有多个义项，均读 wēi yí。）

[5] 胁：身躯两侧自腋下至腰上的部分。此处指鲟鱼的胸部两侧。

[6]《齐书》：二十四史中有《南齐书》和《北齐书》，《齐书》通常指《南齐书》。《南齐书》是〔南朝梁〕萧子显所撰的史书，书中记述了南朝萧齐王朝自齐高帝建元元年（479）至齐和帝中兴二年（502）的史事，是现存关于南齐最早的纪传体断代史。

[7] 永明九年：公元 491 年。永明，南朝齐武帝萧赜（zé）的年号，共十年有余（483 年正月至 493 年十二月）。

[8] 盐官县：古县名。三国吴黄武二年（223）置，属吴郡，隶扬州，治今浙江省海宁市西南盐官镇南。唐武德七年（624）并入钱塘县。贞观四年（630）复置。其后几经变迁，1958 年 10 月并入海宁县，1986 年 11 月，海宁撤县设市，属嘉兴市。

[9] 黑色无鳞，有声如牛：《南齐书·五行志》原文作："黑色无鳞，未死，有声如牛。"

[10] 土人：外地人称经济、文化等不发达地区的当地人。有时含有轻视的意味。

[11] 取食之：《南齐书·五行志》原文作："取其肉食之。"

[12] 琼府：即琼州府，海南省在明清时期的行政区划，隶属于广东省。

[13] 沙：指魟鱼体表的沙状硬颗粒。

## 【译文】

鲼鱼，也叫"海燕"。体形大的，一条就能装满一辆车。它的头部样子像蝙蝠，身体的形态像飞翔的燕子，尾巴上有鬣鳍，那分叉的样子也像燕子的尾巴。在两个分叉中间，还有又长又圆的尾巴，形状像传说中的一种蛇。它的胸部两侧各有五个扁孔，层叠相间，大体上和蒲鱼差不多，也没有鳞甲。按：《南齐书·五行志》中记载："永明九年，盐官县石浦有海鱼乘着潮水而来，水退之后无法离开海岸，它长达三十余丈，呈黑色，没有鳞，发出牛叫一样的声音，当地人称它为'海燕'。取它的肉吃。"这说的就是这种鱼吗？

琼州府旧的府志里载有"燕鱼"，说它脊背的皮上有沙状颗粒，肉为白色，味道鲜美。新的府志里说：这种鱼有红色、白色、黄色三种，有两翅，像燕一样，能在海上飞翔，所以用"燕"来命名，俗称它为"老鸦鱼"。新旧两种府志记载得都不详尽，我怀疑就是这种鲼鱼。

蒲鱼，大者盈丈，圆扁如蒲葵叶。其尾修圆若蛇，长倍于身，有刺能螫[1]人。尖鼻前挺，形类铁犁。目生于背，目旁有二孔，疑是其耳。口开于腹，口之左右各有五孔，扁若刀刺，背色黄黑，腹青白无鳞，又名"鲀[2]"。

《琼州府志》云："海鹞[3]一名'荷鱼'，即蒲鱼也。口在腹下，目在额上，味美而尾极毒。"昌黎[4]诗："蒲鱼尾如蛇，口眼不相营[5]。"俗亦呼为"燕鱼"。按：海鹞之名，又与文鳐[6]同名。

## 【注释】

[1] 螫（shì）：蜇，蜂、蝎等有毒腺的动物用尾部的毒刺刺人或动物。

[2] 鲀：此处音tuán，指魟、鲼之类的鱼。〔清〕屈大均《广东新语·介语》："蒲鱼者，鲀也，形如盘，大者围七八尺。无鳞，口在腹下，目在额上，尾长有刺，能螫人，肉白多骨，节节相连比，柔脆可食。"

[3] 海鹞：也作"海鳐"。《钦定续通志》卷一百七十九："海鹞鱼，似鹞，有肉翅，能飞。"

[4]昌黎：唐代诗人韩愈（768—824），字退之，河南河阳（今河南省孟州市）人，我国古代著名文学家、思想家、哲学家。韩愈自称"郡望昌黎"，故世称"韩昌黎""昌黎先生"。

[5]蒲鱼尾如蛇，口眼不相营：出自韩愈《初南食贻元十八协律》（又名《初南食贻元协律》）一诗。

[6]文鳐：通常作"文鳐"，传说中的鱼名。《山海经·西山经》："又西百八十里，曰'泰器之山'。观水出焉，西流注于流沙。是多文鳐鱼，状如鲤鱼，鱼身而鸟翼，苍文而白首，赤喙，常行西海，游于东海，以夜飞。"古人诗赋中常有提及，如〔晋〕左思《吴都赋》："精卫衔石而遇缴，文鳐夜飞而触纶。"〔明〕冯时可《雨航杂录》卷下："海鹞鱼即文鳐类也。"

## 【译文】

蒲鱼，体形大的可达一丈，样子像蒲葵叶一样又圆又扁。它的尾巴像蛇一样又长又圆，是身长的两倍，上面长有能蜇人的毒刺。它的鼻子向前挺起，形状像铁犁。它的眼睛长在后背上，眼睛旁边有两个孔，我怀疑那是它的耳朵。它的嘴长在腹部，嘴的左右各有五个孔，像刀刺一样扁，背部呈黄黑色，腹部青白色而没有鳞片，它又名"鲼"。

《琼州府志》里说："海鹞也叫'荷鱼'，就是蒲鱼。它的嘴长在腹部下面，眼睛长在额头上，味道美但尾巴有剧毒。"韩昌黎的诗描写它："蒲鱼尾如蛇，口眼不相营。"它俗名也叫"燕鱼"。按：海鹞的名字又与文鳐相同，都叫"鳐"。

章举，体形椭圆如猪胆，端分六足[1]，如抽[2]花须[3]，而长倍于身。每足阴面起小圈子，密比蜂窠[4]，错如莲房[5]。八足聚处有细眼如针孔，其后尻[6]也。其口迩[7]尻，幸有足为之间上下耳。无皮无骨，肉颇含脂，黑比蟹膏[8]，腻同蚌髓。非鳞非介，又名"章鱼[9]"。潮人讹称章鱼曰"胶水"。

【注释】

[1] 足：这里指触须。

[2] 抽：（某些植物体）长出。

[3] 花须：花蕊。

[4] 蜂窠（kē）：即蜂巢。

[5] 莲房：莲蓬。莲花开过后的花托，呈倒圆锥形，有许多小孔，各孔分隔如房，故名。

[6] 尻（kāo）：屁股或脊骨的末端。

[7] 迩：近。

[8] 蟹膏：雄蟹精囊的精液与器官的集合。蟹膏自然状态为青白色半透明果冻状液体，蒸熟后为半透明状略显黏腻的胶质。繁殖过程中，螃蟹的胰脏不断长大，占据了蟹膏的位置，被一些食客误认为是蟹膏，这种"蟹膏"呈黑色，但实际上并不是真正的蟹膏。

[9] 又名"章鱼"：〔唐〕韩愈《初南食贻元十八协律》诗："章举马甲柱，斗以怪自呈。"朱熹注："有八脚，身上有肉如白，亦曰'章鱼'。"

◎《古今图书集成》中的章鱼

## 【译文】

章举，体形椭圆，像猪胆，一端分出六条触须，像植物长出的花蕊，而长度是身体的两倍。每条触须的背面都长有小圈子，密集程度堪比蜂巢，像莲蓬上的孔一样错落有致。八只触须汇聚的地方有针孔一样的细眼，后面是它的肛门。它的嘴离肛门很近，所幸有触须在两者上下之间为之间隔。它没有皮也没有骨头，肉中脂肪较多，像蟹膏一样呈黑色，比蚌肉还细腻。章举不属于鳞虫也不属于介虫，又叫"章鱼"。潮州人讹称章鱼为"胶水"。

乌贼

　　乌贼，非鳞非介。形如算子袋[1]，有六足，聚生口旁。其二须甚长，亦如带。《酉阳杂俎》[2]曰："昔秦皇东游，弃算袋于海，化为此鱼。遇风能以须粘岸，如舟之下碇[3]焉，故又名'缆鱼[4]'。"身只一骨，骨状若梭子，层叠可剥，如剖榄仁[5]。腹中有墨，遇大鱼来，贼则吐墨混流以自蔽。一名"乌鲗[6]"。《南越志》[7]云："乌鲗怀墨而知礼[8]。"崔豹[9]《古今注》[10]："又名'河伯度事小吏[11]'。"而《南越行记》[12]又言："乌贼鱼常仰浮水面，乌见而啄之，反为此鱼所卷食。故谓之'乌贼'云[13]。"

◎〔明〕全俶《金石昆虫草木状》
　　中的乌贼

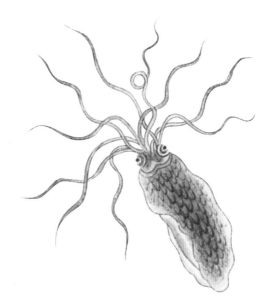

## 【注释】

[1] 算子袋：装算筹的口袋。

[2]《酉阳杂俎（zǔ）》：唐代笔记小说集，共三十卷，撰写者为志怪小说家段成式（803—863）。内容为志怪传奇与各地珍异之物，风格与晋代张华《博物志》相似。在记叙志怪故事的同时，《酉阳杂俎》还为后人保存了唐朝大量珍贵的历史资料、遗闻逸事和民间风情。

[3] 下碇：船只下锚，也指船停泊靠岸。碇，系船的石墩或铁锚。

[4] 此处引文与《酉阳杂俎》原文略有出入，《酉阳杂俎》卷十七："昔秦皇东游，弃算袋于海，化为此鱼。形如算袋，两带极长。一说乌贼有碇，遇风则虬前一须下碇。"并未提及它又名"缆鱼"。"缆鱼"之说出自〔宋〕陆佃《埤（pí）雅》卷二："旧说乌鲗有碇，遇风则虬前一须下碇，一名'缆鱼'。风波稍急，即以其须粘石为缆。盖此鱼每遇大风，远岸则虬前一须为碇，近岸则粘前一须为缆。"

[5] 榄仁：橄榄核内柔软的部分。

[6] 鲗：音 zéi。

[7]《南越志》：我国古代古方志，〔南朝宋〕沈怀远撰。共八卷。原书已佚。〔明〕陶宗仪《说郭（fú）》〔清〕王谟《汉唐地理书钞》等书均有辑录。《南越志》记载了上至三代、下至东晋的岭南地区的异物、古迹、趣闻等，对研究岭南地区越民族社会历史有极重要的价值。

[8] 乌鲗怀墨而知礼：古人因乌贼体内有墨而想象它知书达理、通晓礼仪。《艺文类聚》《太平御览》《广东通志》等书均有乌贼"腹中血及胆正黑，可以书"的记载。

[9] 崔豹：字正雄，西晋经学家，渔阳郡（今北京市密云县西南）人。晋武帝时为典行王乡饮酒礼博士，晋惠帝时官至太子太傅丞。撰有《论语集议》（已佚）、《古今注》。

[10]《古今注》：一部解释和考证古代各项名物制度以及音乐、动物、植物等名称的著作，共三卷，晋代经学家崔豹撰。此书堪称开中国学术笔记先河的著作，对后世影响很大。

[11] 河伯度事小吏：向河伯禀告公务的小吏。《太平御览》卷九百三十八引《古今注》作"河伯从事小吏"，《艺文类聚》卷九十七作"海君白事小吏"，《续通志》卷一百七十九作"海若白事小吏"。

[12]《南越行记》：原书已佚，内容不详，现今仅见的少量内容皆为后人引用。作者据传为汉代陆贾，真实性待考。

[13] "贼"有杀害者、祸害的意思。古人认为乌贼能吃掉乌鸦，是乌鸦的杀手，所以叫"乌贼"。〔清〕聂璜《海错图》："言为乌之贼也。"

## 【译文】

乌贼，不属于鳞虫也不属于介虫。它的外形像装算筹的口袋，有六条触须，聚合长在嘴旁。它有两条须子特别长，像两根带子。《酉阳杂俎》里说："当年秦始皇东游，将装算筹的袋子丢弃到海上，变成了这种鱼。它遇到风的时候能用须子粘住海岸，就像船下锚一样，所以又叫'缆鱼'。"它的体内只有一块骨头，骨头的样子像梭子，可以一层层剥开，就像剖开橄榄仁一样。乌贼肚子里有墨，遇到大鱼追来，它就吐墨把水流弄浑浊来隐蔽自己。它也叫"乌鲗"。《南越志》里说："乌鲗肚子里有墨，所以知书达理。"崔豹在《古今注》里说："乌贼又叫'河伯度事小吏'。"《南越行记》里又说："乌贼经常仰着浮在水面，乌鸦见到了去啄它，反被这种鱼卷去吃掉。所以被称为'乌贼'。"

　　鲎[1]，介虫也，大者尺余，形如覆箕[2]，壳分前后，及尾为三截。其色青绿而光莹[3]。骨眼着背，口藏于腹，首似蜈蝣，足如蟹而多其四，其尾三棱。雄小雌大，雌失雄则死，故常负雄于背而行。遇风则背骨开张，若帆之趁风，谓之"鲎帆"[4]。说者曰："鲎者，候也。命名曰'鲎'，职此之由[5]。"生子最多，而成鲎者仅二，余则为蟹、为蚂[6]虾、麻虾及诸鱼族。凡物之血皆赤，而鲎之血独碧色[7]，亦其异也。渔得鲎必双[8]，如单者不可食。尾有刺者不可食。又一种小者谓之"儿鲎"，亦不可食。昌黎《南食》[9]诗云："鲎形如惠文[10]，骨眼相负行。"惠文冠[11]后世已失其制，而鲎则千古不变，犹可因鲎之形状以想见古之冠制也。

## 【注释】

[1] 鲎：音 hòu。

[2] 覆箕：倒扣的簸箕。

[3] 光莹：光润晶莹，光辉明亮。

[4]"鲎帆"之说,《酉阳杂俎》《物理小识(zhì)》《广东新语》等书均有记载。但《尔雅翼》卷三十一的说法则略有不同:"今鲎背上有骨高七八寸如石珊瑚者,俗呼为'鲎帆'。"

◎〔清〕聂璜《海错图》中的鲎(背)

[5] 职此之由:即"职由此",意谓"就是由于这个",表示找到了原因或症结。《尔雅翼》卷三十一解释鲎得名的原因:"大率鲎善候风,故其音如'候'也。"〔明〕屠本畯《闽中海错疏》卷下也有类似的解释:"其善候风,故音如'候'也。"本书作者在《南越笔记》卷十中也说:"鲎乃候也,善候风。"

[6] 蛴:音níng。

[7] 碧色:青绿色或青蓝色,此指蓝色。鲎的血液是蓝色的,古人对此也早有发现,《闽中海错疏》卷下:"其血蔚蓝。"

[8] 得鲎必双:《尔雅翼》卷三十一:"(鲎)失雄则不能独活,渔者取之必得其双。故《吴都赋》云:'乘鲎鼋鼍,同罛(gū)共罗。'乘,言相乘也。亦古语以偶为乘,如'乘禽''乘雁'之属。"〔清〕聂璜《海错图》:"在水牝牡相负,在陆牝牡相逐。牝体大而牡躯小,捕者必先取牝则牡留,如先取牡则牝逸。"又引《字汇》:"雄常守雌,取之必得双,俗呼'鲎媚'。"

[9]《南食》:指韩愈的《初南食贻元十八协律》一诗。

[10] 鲎形如惠文:韩愈原诗作"鲎实如惠文"。

[11] 惠文冠：古代冠名，相传为战国赵惠文王创制，故称。汉代称"武弁"，又名"大冠"，为众武官首服。侍中、常侍加黄金珰（dāng），附蝉为文，貂尾为饰，故又称"貂珰""貂蝉"。《尔雅翼》卷三十一："惠文者，秦汉以来武冠也，侍中、中常侍则加金珰、貂蝉之饰，谓之'赵惠文冠'。"

## 【译文】

鲎，是一种介虫，大的能长到一尺多，外形像一个倒扣的簸箕，壳分为前后两部分，加上尾巴一共是三截。它呈青绿色，光润晶莹。鲎的骨质硬壳和眼睛在后背，嘴藏在腹部，头部像蜥蜴，脚长得像螃蟹但比螃蟹多四只，尾巴上有三条棱。雄鲎体形较小，雌鲎体形较大，雌鲎失去雄鲎就会死掉，所以雌鲎常把雄鲎负在背上行走。遇到有风的时候，鲎就把背后的骨质硬壳张开，就像帆乘风而行，因此被称为"鲎帆"。有解说的人说："鲎，是'候'的意思，它得名的原因就是善于等候风的到来。"鲎产卵很多，但每次产卵能够长成鲎的仅有两只。其余的则变成了蟹、蛴虾、麻虾及各种鱼类。凡是动物的血都是红色的，而鲎的血却是蓝色的，这是它很特别的地方。渔民捕到鲎一定是成对的，如果捉到单只的就不能食用。尾部有刺的鲎不能食用。还有一种小的叫"儿鲎"的，也不能食用。韩愈的诗《初南食贻元十八协律》里说："鲎的形状像惠文冠，背着骨质的壳和眼睛行走。"惠文冠的形制在后世已经失传了，但鲎的样子却千古不变，或许还可以通过鲎的形状想象出古代的冠帽形制。

虾之头，其长与尾相等而巨于尾，周围皆刺。两目上出，头生两角，弯环[1]前向，前有巨须二，长而多刺，又有细须二，长而分岐，嘴在其下，近嘴有小足，长短六枚。其腹与蟹脐无异，左右排生十足，亦类于蟹，尾之下每节有划水，水行进退，是其所赖。节左右亦各有刺[2]，尾末四出，金缕丝丝，筋络[3]分明，绝类芙蓉之瓣。生者青黑色，煮则赤如涂朱。磔须睢目[4]，不啻钱塘君[5]之怒欲飞去，故又谓之"红虾"。《北户录》[6]云："大者长二尺余，头可作杯，须可作簪、作杖[7]。"《岭表录》[8]云："最大者长七八尺至一丈也。"《水经注》[9]所谓"四尺之须[10]"，不足论矣。《岭海辨记》[11]云："潮州海中龙虾，长五六尺，形状与龙无二，洗涤其壳，可以为灯。"

## 【注释】

[1] 弯环：弯曲如环。

[2] 商务印书馆丛书集成本《然犀志》此处脱"刺"字。

[3] 筋络：静脉管。

[4] 磔（zhé）须瞋目：张开的胡须，瞪圆的眼睛，形容发怒的样子，犹言"吹胡子瞪眼"。磔：开，张。《广雅·释诂一》："磔，张也。"《释诂三》："磔，开也。"《晋书·桓温传》："温眼如紫石棱，须作猬毛磔。"

◎〔清〕聂璜《海错图》中的龙虾

[5] 钱塘君：唐代小说家李朝威所著传奇小说《柳毅传》中的角色，是掌管钱塘水域的龙君，脾气暴躁，喜怒无常，勇猛非常。

[6]《北户录》：一部介绍唐代岭南民风土俗、地方物产的书，全书共三卷，具有较高的史料价值。作者段公路，生卒年不详，大致生活在唐懿宗时期。

[7]《北户录》卷二原文：红虾出潮州、番州、南巴县，大者长二尺，土人多理为杯，或扣以白金，转相饷遗。乃玩用中一物也。王子年《拾遗》云："大虾长一尺，须可为簪。《洞冥记》载'虾须杖'。"

[8]《岭表录》：又名《岭表记》《岭表录异》《岭表录异记》《岭南录异》，一部记述岭南异物异事的地理杂记，全书共三卷，作者为唐代刘恂。《岭表录》是了解唐代岭南道物产、民情的珍贵文献，也是研究唐代岭南地区少数民族经济、文化的重要资料。原书已佚，今所见为后人辑本。

[9]《水经注》：我国古代地理名著，共四十卷。作者是北魏晚期的郦道元（446或472—527）。

[10] 四尺之须：此典故不见于《水经注》，而是出自明代沈炳巽所撰《水经注集释订讹》卷三十："乡人语循：'虾须长一尺。'循以为虚，责其人。乃至东海取虾须长四尺速送示循，循始复谢，厚为遣。"同书又提及《三国志·吴书·吕岱传》裴松之注引王隐《交广记》："吴置广州，南阳滕修为刺史，或语修：'虾须长一丈。'修不信，其人后至东海，取虾须长四丈四尺，封以示修，修方服之。"

[11]《岭海辨记》：书名，内容、作者不详。本书所引《岭海辨记》内容与《广东通志》卷五十二中的内容大体相同："潮州龙虾大者长五六尺，头与龙无二，更大者其须可斫以为杖，洗涤其壳可以为灯。"

## 【译文】

龙虾的虾头长度与尾巴相等或大于尾巴，周围都是刺。它的两只眼睛向上伸出，头上长有两只角，弯曲如环状，指向前方。前面有两条巨大的须子，长且多刺，又有两条细小的须子，长且分叉，嘴在须子的下面，靠近嘴的地方有小的虾腿，长短一共六条。龙虾的腹部与螃蟹的蟹脐没有差别，左右并排长着十条腿，也跟螃蟹很像，尾巴下面每节都有小鳍，在水中进退全赖其划动。龙虾每一节的左右也都有刺，尾巴末端向四面伸出，有条条金丝，脉络分明，特别像芙蓉花的花瓣。龙虾活着的时候呈青黑色，煮熟之后则红得像涂了朱砂。张开的胡须，瞪圆的眼睛，如同《柳毅传》里的钱塘君发怒要飞走的样子，所以又被称为"红虾"。《北户录》里说："龙虾大的长达二尺多，头可以做成杯子，须子可以制成簪子或手杖。"《岭表录》里说："最大的龙虾可长达七八尺至一丈。"《水经注》里所说的"四尺长的龙虾须"不值一提。《岭海辨记》里说："潮州海中的龙虾，长五六尺，形态与龙毫无二致，洗涤它的壳，可以制成灯。"

◎〔明〕全偯《金石昆虫草木状》中的鳗鲡鱼

海鳗鲡[1]，一名"慈鳗鲡"，一名"狗鱼"，又名"狗头鳗"。《海语》[2]云："大者长丈余，枪嘴锯齿，遇人能斗。往往随潮陟[3]山，人知之，布灰于路，体粘灰则涩不能行，乃击杀之[4]。"

【注释】

[1] 鳗鲡：音 mán lí。

[2]《海语》：明代黄衷撰写的一部海外风物志，成书于嘉靖十五年（1536）。全书共三卷，按内容分为风俗、物产、畏途、物怪四类，记述了明代广州与暹罗（今泰国）、满剌加（马六甲，今属马来西亚）之间的交通往来，以及这两个地区的历史、地理、风俗、物产等。此书内容主要出自来华番客、舟师、舵卒所亲见，是研究 16 世纪东南亚历史、地理及中国南洋交通关系的重要资料。

[3] 陟（zhì）：登高；上升。

[4] 这段文字是作者转述，与《海语》原文大体相符，《海语》原文："鳗鲡大者身径如磨盘，长丈六七尺，枪嘴锯齿，遇人辄斗。数十为队，常随盛潮陟山，而草食所经之路渐如沟涧。夜则咸涎发光，舶人以是知为鳗鲡所集也，燃灰厚布所开路，执镖戟诸器群噪而前。鳗鲡循路而遁，遇灰，体涩不可窜，移时乃困。舶人恣杀之。"

## 【译文】

海鳗鲡，又叫"慈鳗鲡"，又叫"狗鱼"，又名"狗头鳗"。《海语》里说："大的海鳗鲡长一丈多，长着枪一样的嘴、锯齿一样的牙，遇到人能与人搏斗。它们往往随着潮水登山，人们知道后，在路上撒上灰，鳗鲡的身上粘了灰，滞涩难走，然后就可以打杀它。"

◎《古今图书集成》中的鳗鲡鱼

比目鱼，状如妇女鞋底，细鳞，背紫色，腹白无鳞，口近于腹，两眼相并[1]，一明一暗，亦微分大小。《尔雅》[2]曰"东方有比目鱼，不比不行，其名曰'鲽[3]'"者是也。《北户录》谓之"鳒[4]"，《吴都赋》[5]谓之"魪[6]"，《上林赋》[7]谓之"魼[8]"。鲽，犹屧[9]也。鳒，犹兼也。魪者，相介也。魼者，相胠[10]也。《南方异物志》[11]谓之"箬叶鱼"，言其形如裹粽之竹叶然也。《临海志》[12]名"婢筵[13]鱼"，《临海风土记》[14]名"奴屩[15]鱼"。其有名"鞋底鱼"者，俗称也。

## 【注释】

[1] 两眼相并：丛书集成本《然犀志》误作"两眼并相"。

[2]《尔雅》：我国传统经典，《十三经》之一，是我国古代第一部词典，它大约是秦汉间的学者缀辑先秦各地的诸书旧文，递相增益而成。全书原本二十篇，现存十九篇。文中所引与《尔雅》原文个别文字略有出入。

[3] 鲽：音 dié。

[4] 鰜：音 jiān。

[5]《吴都赋》：西晋左思所作的辞赋，与《魏都赋》《蜀都赋》并称"三都赋"，当时曾名满天下，留下了"洛阳纸贵"的佳话。

[6] 魪：音 jiè。

[7]《上林赋》：西汉辞赋家司马相如所作的一篇大赋，是《子虚赋》的姊妹篇。全赋规模宏大，词汇丰富，是汉大赋的代表作之一。

[8] 魼：音 qū。

[9] 屧（xiè）：古代木底鞋的鞋底。

[10] 胠（qū）：腋下。人有两腋、引申为双、并列、相辅相成的意思。此处和前面的"兼""介"都表示"并列"的意思。

[11]《南方异物志》：古代有多部以"南方异物志"为书名的著作，此处所指不详。按：此处内容均转引自〔清〕胡世安《异鱼图赞笺》，作者自己并未详加考辨。

◎〔清〕聂璜《海错图》中的比目鱼

[12]《临海志》：亦名《临海水土异物志》，〔三国吴〕沈莹撰，是一部关于吴国临海郡（今浙江省临海市）的方志，也是记载台湾历史最早的著作。其中既有关于夷州民、安家民、毛民等古代民族的史料，也有关于关于鳞介、虫鸟、竹木、果藤等动植物资料。

[13] 筵：音 shāi。

[14]《临海风土记》：书名，内容不详。或是指《临海水土记》或《临海水土志》。《太平御览》卷九百四十："《临海水土记》曰：'奴屩鱼，长一尺，如屩形。'"

[15] 屩：音 juē。

## 【译文】

比目鱼，样子像妇女的鞋底，鳞片很细，背部呈紫色，腹部白色，没有鳞片，它的嘴临近腹部，两只眼睛并在一起，一明一暗，稍微能分出大小。《尔雅》里说的"东方有比目鱼，不并排就不能行走，它的名字叫'鲽'"就是这种鱼。《北户录》里管它叫"鳒"，《吴都赋》里管它叫"魪"，《上林赋》里管它叫"鲐"。鲽，就是"屟（木鞋底）"的意思。鳒，就是"兼"的意思。魪，就是相互的意思。鲐，就是相辅相成的意思。《南方异物志》里称它为"箬叶鱼"，是说它的外形像包裹粽子的竹叶。《临海志》里管它叫"婢筵鱼"，《临海风土记》里管它叫"奴屩鱼"，它还有个名字叫"鞋底鱼"，是俗称。

沙鱼，古名"鲛鱼"，一名"珠鲛"。郭璞[1]《鲛赞》[2]云："珠皮毒尾，匪鳞匪毛。可以错角，兼饰剑刀。"又名"鲛[3]鱼"。沈怀远[4]《南越志》云："环鱼，错鱼也。长丈许，腹[5]有两洞，肠贮水养子。一肠容二子。子朝从口出，暮还入肠，鳞皮有珠，可饰刀剑，治骨角。一名'琵琶鱼'，形似琵琶，善鸣。此沙之大者也。"李奉常[6]曰："种类不一，形并似鱼。青目赤颊，背有鬣，腹有翅，大者尾长数尺，皮背有沙，如真珠斑。其背有珠文如鹿而坚强[7]者，曰'鹿沙'，亦曰'白沙'，云能变鹿也。背有斑文如虎而坚强者，曰'虎沙'，亦曰'胡沙'，云虎沙鱼[8]所化也。鼻前有骨如斧斤[9]，能击物坏舟者，曰'锯沙'，又曰'挺额鱼'，亦曰'镭[10]鲛'，谓鼻骨如镭斧也。（镭音'蕃'[11]。）东南近海诸郡皆有之。"苏恭[12]谓鲛："形似鳖，无脚有尾"者，失其状矣。陈藏器[13]谓鲛："与石决明同名[14]"者，以鲛又名"腹鱼[15]"也。

## 【注释】

[1] 郭璞（276—324）：字景纯。河东郡闻喜县（今山西省运城市闻喜县）人，两晋时期著名文学家、训诂学家、风水学者。

[2]《鲛赞》：晋代郭璞写的一篇赞语：鱼之别属，厥号曰鲛，珠皮毒尾，匪鳞匪毛。可以错角，兼饰剑刀。

[3] 鲻：音 cuò。

[4] 沈怀远：吴兴武康（今浙江省湖州市）人，南朝宋官员，撰有《南越集》及《怀文文集》。

[5] 腹：即腹部。

[6] 李奉常：指李时珍。李时珍（1518—1593），字东璧，晚年自号濒湖山人，湖北蕲州（今湖北省蕲春县蕲州镇）人，明代著名医药学家，著有《本草纲目》等。奉常，即太常，先秦两汉时掌管宗庙礼仪的官员，位列"九

◎〔明〕全俶《金石昆虫草木状》中的鲨鱼

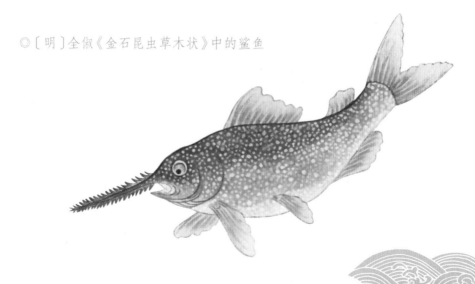

卿"之首,太常的属官有太乐、太祝、太宰、太史、太卜、太医六令丞,分别执掌音乐、祝祷、供奉、天文历法、卜筮、医疗。因李时珍曾经做过太医,故有此称。(实际上明代太医已非太常的属官,这样称呼是为了显得有古意。)以下李时珍之语引自明末清初胡世安《异鱼图赞笺》,文字略有出入。

[7] 坚强:此处是坚硬的意思。

[8] 虎沙鱼:"沙"为衍文,《本草纲目》卷四十四原文作"虎鱼"。译文依"虎鱼"。

[9] 斧斤:泛指各种斧子。斤,古代砍物工具,一般用来砍木,与斧相似,比斧小而横刃。

[10] 镨(fán):宽刃斧。亦指一种形似铲的工具。

[11] 镨音蕃:这是书中为说明"镨"字读音的小字注释。按:"蕃"字是多音字,此处读fán。

[12] 苏恭:即苏敬(599—674),陈州淮阳(今河南省周口市淮阳县)人,中国唐代药学家,曾主持编撰了世界上第一部由国家正式颁布的药典《唐本草》。宋时因避宋太祖赵匡胤祖父赵敬讳,被改称为"苏恭"或"苏鉴"。

[13] 陈藏器(约687—757):唐代中药学家,四明(今浙江省宁波市)人,撰有《本草拾遗》十卷(今佚)。

[14] 与石决明同名:《本草纲目》卷四十四:"藏器曰:鲛与石决明,同名而异类也。"石决明,中药名,鲍科动物九孔鲍或盘大鲍等的贝壳。夏秋捕得后,将肉剥除,取壳,洗净,除去杂质,晒干。药材以九孔鲍的贝壳称为"光底海决";盘大鲍的贝壳称为"毛底海决"。

[15] 腹鱼：当为"鲍（fù）鱼"。译文作"鲍鱼"。

## 【译文】

鲨鱼，古代叫"鲛鱼"，也叫"珠鲛"。郭璞的《鲛赞》说："它长着带珠粒的皮和有毒的尾巴，不是鳞虫也不是毛虫。它的皮可以用来打磨角器，也可以用来装饰刀剑。"它又叫"错鱼"。沈怀远在《南越志》里说："环鱼，就是错鱼。长一丈左右，腹部有两个洞，肠子里存水养育幼崽，一条肠子能容纳两只幼崽。它的幼崽早上从口中出去，晚上回来进入肠子里。它的皮上长有珠粒，可以装饰刀剑，也可以打磨骨器和角器。它也叫'琵琶鱼'，形状像琵琶，善于鸣叫，这是鲨鱼中较大的一种。"李太医说："鲨鱼种类不一，外形都像鱼。青色的眼睛，红色的脸颊，背上有鬣鳍，腹部有鱼翅。大的鲨鱼尾巴长达数尺，后背的皮上有沙状颗粒，有像珍珠一样的斑点。后背有像鹿而又坚硬的珍珠纹的，叫'鹿鲨'，也叫'白鲨'，听说能变成鹿。背上斑纹像老虎而又坚硬的，叫'虎鲨'，也叫'胡鲨'，听说是虎鱼所变的。鼻子前面有斧子一样的骨头，能攻击物体毁坏舟船的，叫'锯鲨'，又叫'挺额鱼'，也叫'镭错'，是说鼻子的骨头像斧子一样。（作者注：镭读'蕃'。）东南近海的各郡县都有。"苏恭说鲛是"形状像鳖，没有脚而有尾巴"的，没有说清楚它的样子。陈藏器说鲛鱼是"与石决明同名"的，是因为鲛又叫"鲍鱼"。

鱼虎，生南海，头如虎，背皮如猬有刺，着人如蛇咬。有变为虎者。按：《倦游录》[1]云："海中泡鱼[2]大如斗，身有刺如猬，能化为豪猪。即此鱼虎也。"《述异记》[3]云："老则变为鲛鱼。"《临海记》[4]又谓之"土奴鱼[5]"。

## 【注释】

[1]《倦游录》：即《倦游杂录》，我国古代文言轶事小说，〔宋〕张师正撰。《倦游录》在风格上仿照了洪迈的《容斋随笔》，内容丰富多彩，涉及古代天文、地理、政治、经济、科学、文化、人物、奇闻等诸多方面。

[2] 泡鱼：鱼虎的别名。

[3]《述异记》：〔南朝梁〕任昉所撰志怪小说，共二卷。全书内容繁杂，简短零散，属地理博物类志怪小说。〔南朝齐〕祖冲之有同名作品，共十卷，已佚。

[4]《临海记》：即《临海水土记》。

[5] 士奴鱼：应为"土奴鱼"。《太平御览》《本草纲目》《异鱼图赞补》《续通志》诸书均作"土奴鱼"。译文作"土奴鱼"。

## 【译文】

鱼虎，生在南海，头像老虎，背上的皮像刺猬一样长着刺，人被它刺到，像被蛇咬一样。有的鱼虎能变成老虎。按：《倦游录》里说："海中的泡鱼像斗一样大，身上有刺猬一样的刺，能变成豪猪。就是这种鱼虎。"《述异记》里说："鱼虎老了就变成鲛鱼。"《临海记》里又称它为"土奴鱼"。

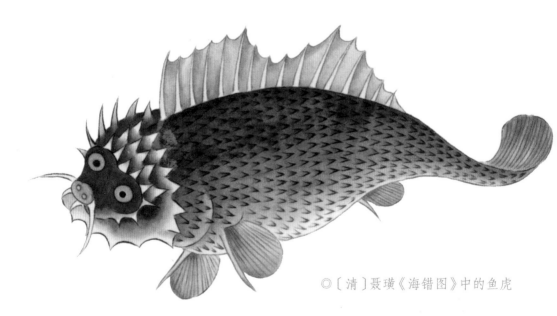

◎〔清〕聂璜《海错图》中的鱼虎

海豚，候风潮出没，形如豚[1]，鼻在脑上，作声喷水直上。百数为群，其子如鳘鱼[2]子数万，随母而行。人取子系水中，其母自来，就而取之。生江中者谓之"江豚"，状与海豚同而小，出没水上，舟人候之以占风[3]。其中有油脂可点灯。照摴蒱[4]即明，照读书工作即昏。俗言懒妇所化[5]也。李奉常曰："海豚状大如数百斤猪，形色青黑如鲇鱼，有两

◎《古今图书集成》中的河豚

乳，有雌雄类人。数枚同行，一浮一没，谓之'拜风'。其骨硬，其肉肥，不中食，其膏最多，和石灰舱[6]船良。"《魏武食制》[7]谓之"鯆鮬[8]"。《南方异物志》谓之"水猪"，又名"馋鱼"，谓其多涎也。郭璞赋[9]"海狶江豚[10]"是也。

## 【注释】

[1] 豚：小猪，也泛指猪。

[2] 蠡（lǐ）鱼：即鳢鱼。

[3] 占（zhān）风：这里指预测大风。

[4] 摴蒲（chū pú）：也作"樗蒲"，古代一种游戏，博戏中用于掷采的投子最初是用樗木制成的，故称樗蒲。又由于这种木制掷具是五枚为一组，所以又叫"五木之戏"，或简称"五木"。

[5] 懒妇所化：〔南朝梁〕任昉《述异记》卷上："在南有懒妇鱼。俗云：'昔杨氏家妇，为姑所溺而死，化为鱼焉。'其脂膏可燃灯烛，以之照鸣琴、博弈，则烂然有光；及照纺绩，则不复明焉。"又，《太平寰宇记》卷一百六十五引东汉杨孚《异物志》："昔有懒妇，织于机中，常睡，其姑以杼（zhù）打之，恚（huì）死，今背上犹有杼文疮痕。大者得膏三四斛，若用照书及纺织则暗，若以会众宾歌舞则明。"

[6] 捻（niàn）：用桐油和石灰填补船缝。

[7] 《魏武食制》：即《魏武四时食制》，据传为曹操所著，原书已佚，部分内容保存在《颜氏家训》和《太平御览》中。

[8] 鲜鳁：音 fū bèi。《异鱼图赞笺》卷一引《魏武食制》："鲜鳁之鱼出淮及五湖，黄肥不可食，大如百斤猪，数枚相随，浮沉自如。"

[9] 郭璞赋：指郭璞的《江赋》。

[10] 海狶（xī）江豚：郭璞《江赋》原文为"江豚海狶"，即"鱼则江豚海狶，叔鲔王鳣，鳊鲢䲡鳅，鲮鳀鲮鲢"。

## 【译文】

海豚，等着风潮出没，形态像猪，鼻子在脑袋顶上，能发出声音，喷出来的水直上而出。它们成百只地聚集在一起，幼崽像蠡鱼的幼鱼一样成千上万，随着母亲游动。人们取其幼崽绑起来投入水中，它的母亲就会赶来，于是就能捉到。生长在江中的被称为"江豚"，样子与海豚相同而比海

◎《古今图书集成》中的江豚

豚小，也出没于水上。船夫等着它们的出现来预测大风。它体内有油脂可以用来点灯，这种灯照在搏蒲等棋类游戏上就很亮，照着读书工作时就很昏暗，传说它是懒媳妇所变的。李太医说："海豚的样子大如几百斤的猪，样子像鲇鱼，颜色青黑，有双乳，和人一样有雌雄两性。它们常常数只同行，连续浮沉，这种行为被人们称为'拜风'。它的骨头很硬，肉很肥，但不适合食用，它体内最多的是脂肪，和着石灰填补船缝效果极佳。"《魏武食制》里称它为"鳠鲔"。《南方异物志》里称它为"水猪"，又叫"馋鱼"，是说它口水很多。郭璞在《江赋》里的"江豚海狶"说的就是它。

古名"黄鲿[1]鱼",《诗》注[2]名"黄颊鱼",今人名"黄鸯[3]""黄轧[4]"。陆玑[5]误为"黄扬"。按:"颡[6]""颊"以形言,"鲿"以味言,"鸯""轧"以声言也。背青腹黄,无鳞,腮下有二须,鱼之有力能飞跃者。陆佃[7]云:"其胆春夏近上,秋冬近下。"亦一异云。

## 【注释】

[1] 鲿:音 cháng。

[2]《诗》注:古人为《诗经》作的注释,这里特指〔三国吴〕陆玑的《毛诗草木鸟兽虫鱼疏》。

[3] 鸯:音 yāng。

[4] 轧:多音字,此处当读 yà。按:"轧"当为"乬(yà)",《埤雅》:"鸯乬鱼,其胆春夏近上,秋冬近下。"《正字通》:"身尾似鲇,腹黄背青,鳃下二横骨,两须,群游作声轧轧然。一名'黄鲿鱼'。"译文作"乬"。

[5] 陆玑：字元恪，吴郡（治今苏州）人。三国吴学者，曾任太子中庶子、乌程令，著有《毛诗草木鸟兽虫鱼疏》二卷。

[6] 颡（sǎng）：额头。

[7] 陆佃（1042—1102），字农师，号陶山，越州山阴（今浙江省绍兴市）人，宋代诗人陆游的祖父。著有《陶山集》十四卷，及《埤雅》《礼象》《春秋后传》《鹖（hé）冠子注》等，封吴郡开国公，赠太师，追封楚国公。

## 【译文】

黄颡鱼古代叫"黄鳟鱼"，《毛诗草木鸟兽虫鱼疏》里称它为"黄颊鱼"，现在的人称它为"黄鲇鱼"或"黄虮鱼"。陆玑将之误为"黄扬鱼"。按："颡"字和"颊"字是从字形的角度说的，"鳟"是从味道的角度说

◎〔明〕王圻、王思义《三才图会》中的鳟鱼

的，"鲇"字和"虮"字是从字音的角度说的。它背部呈青色，腹部呈黄色，没有鳞片，鳃下有两条须子，是一种有力气能飞跃的鱼。陆佃说："它的胆春夏季节在体腔内靠上的位置，秋冬季节在靠下的位置。"这也是它的一个奇特之处。

鲵
鱼

鲵鱼，即《山海经》[1]之"人鱼"也。声如小儿啼，故名"鯑鱼[2]"。能缘[3]树，谓之"鲇鱼"。以足行，又谓之"虾"，蜀[4]称曰"纳"，秦[5]称曰"鰨[6]"。四足长尾，遇旱则含水上山，以草覆身，张口伺鸟，因吸食之。

## 【注释】

[1]《山海经》：我国志怪古籍，据传为辅佐大禹治水的伯益所作，实际上大致成书于战国中后期到汉代初中期，作者不详。全书现存十八篇，其余篇章已佚。《山海经》包含着关于上古地理、历史、神话、天文、动物、植物、医学、宗教以及人类学、民族学、海洋学和科技史等方面的诸多内容，

◎《古今图书集成》中的鲵鱼

是一部上古社会生活的百科全书，与《易经》《黄帝内经》并称为上古三大奇书。

[2] 鳀（tí）鱼：鲵鱼的别名。《山海经·中山经》："休水出焉，而北流注于洛，其中多鳀鱼，状如鳌蜼而长距，足白而对，食者无蛊疾，可以御兵。"郝懿行笺疏："鳀，即鲵也。"另有 dì 音，指大鲇鱼。

[3] 缘：向上爬，攀缘。

[4] 蜀：指四川地区。因其商周时为蜀国，秦时为蜀郡，三国时为蜀汉地，故称。

[5] 秦：指陕西和甘肃地区，有时特指陕西。因其在春秋战国时为秦国，故称。

[6] 鳎：音 tǎ。

## 【译文】

鲵鱼，就是《山海经》里的"人鱼"。它的声音像小儿啼哭，所以名叫"鳀鱼"。它能爬树，又被称为"鲇鱼"。它用脚走路，又被称为"虾"，蜀地称它为"纳"，秦地称它为"鳎"。它长着四只脚，有长长的尾巴，遇到干旱天气就含着水上山，用草遮蔽身体，张开嘴等着鸟自投罗网，将之吸进嘴里吃掉。

鯑鱼一名"人鱼"，又名"孩儿鱼"。陶弘景[1]曰："荆州临淮青溪多有之。似鳀[2]而有四足，声如小儿，其膏然之不消耗。"秦始皇骊山冢[3]中所用"人鱼膏"是也。宗奭[4]曰："鯑鱼形微似獭，四足，腹重坠如囊，微紫色，无鳞，与鲇鳀相类。"按：孩儿鱼有两种，生江湖中者，形色皆如鲇鳀，腹下翅形似足，腮颊轧轧[5]，音如儿啼，即鯑鱼也。一种生溪涧中，形色皆同，但能上树，乃鲵鱼也。徐铉[6]《稽神录》[7]云："谢仲玉见有妇人出没水中，腰已下[8]为鱼，乃人鱼也。"《组异记》[9]云："查道[10]奉使高丽[11]，见海沙中一妇人，肘后有红鬣。问之，曰[12]：'人鱼也。'"此二者乃名同物异，实非鯑、鲵。

## 【注释】

[1] 陶弘景（456—536），字通明，自号华阳隐居，谥贞白先生，丹阳秣陵（今江苏省南京市）人。南朝齐、梁时道教学者、化学家、医药学家、文学家、政治家。南朝齐时，辞官隐居句容句曲山（茅山），不与世交。梁武帝即位后，每有国家大事，无不向其咨询，遂有"山中宰相"之誉。

[2] 鳀：音 tí。

[3] 秦始皇骊（lí）山冢：秦始皇的陵墓，位于骊山，据说墓中有人鱼膏为烛。《史记·秦始皇本纪》中提道："始皇初即位，穿治郦（lí）山（骊山也作"郦山"），及并天下，天下徒送诣七十余万人，穿三泉，下铜而致椁，宫观百官奇器珍怪徒臧满之。令匠作机弩矢，有所穿近者，辄射之。以水银为百川江河大海，机相灌输，上具天文，下具地理。以人鱼膏为烛，度不灭者久之。"《集解》"徐广曰：'人鱼似鲇，四脚。'"《正义》："《广志》云：'鲵鱼声如小儿啼，有四足，形如鳢，可以治牛，出伊水。'"《异物志》云："人鱼似人形，长尺余。不堪食。皮利于鲛鱼，锯材木入。项上有小穿，气从中出。秦始皇冢中以人鱼膏为烛，即此鱼也。出东海中，今台州有之。"

[4] 宗奭（shì）：即寇宗奭，宋代药物学家，生卒年和生平均不详，撰有《本草衍义》二十卷。

[5] 轧轧：象声词。

[6] 徐铉（916—991）：字鼎臣，扬州广陵（今江苏省扬州市）人，五代到北宋时期大臣、学者、书法家，工于书法，喜好李斯小篆，与弟徐锴合称"江东二徐"。联合句中正、葛湍等共同校订《说文解字》，参与编纂《文苑英华》，著有个人文集三十卷，在文字、诗歌、散文创作方面成就十分突出，《全唐文》《全唐诗》《全宋文》均收录有其作品。

[7]《稽神录》：古代志怪小说集，宋代徐铉撰。全书共六卷，另有《拾遗》一卷，《补遗》一卷，多写鬼神怪异和因果报应故事。全书被完整收入《太平广记》。

[8] 已下：以下。

[9]《组异记》：应为《徂异记》，又名《祖异志》，宋代志怪小说，作者为聂田，生平事迹不详。

[10] 查道（955—1018）：字湛然，歙州休宁（今安徽省黄山市休宁县）人。宋代大臣，奉养母亲以孝闻名于天下。著有文集二十卷。

[11] 高丽：朝鲜半岛历史政权（918—1392），共统治475年，历34代君主，对外先后向我国历史上的后唐、后晋、后汉、后周、北宋、契丹（辽朝）、金朝、蒙古（元朝）、明朝称臣。

[12] 问之，曰：〔明〕黄衷《海语》卷下："昔人有使高丽者，偶泊一港，适见妇人仰卧水际，颐发蓬短，手足蠕动，使者识之，谓左右曰：'此人鱼也。'"则被问和回答者应是作为使者的查道。

## 【译文】

鲺鱼也叫"人鱼",又叫"孩儿鱼"。陶弘景说:"荆州临淮青溪有很多这种鱼。它长得像鳡鱼但有四只脚,声音像小孩子,它的脂肪燃烧时不消耗。"秦始皇骊山陵墓中所用的"人鱼膏"就是它的脂肪。寇宗奭说:"鲺鱼的样子有些像水獭,有四只脚,腹部重叠下坠,像个口袋,它微呈紫色,没有鳞片,和鲇鱼、鲵鱼相似。"按:孩儿鱼有两种,生长在江湖中的,样子和颜色都像鲇鱼、鲵鱼,腹部下方的鳍翅样子像脚,它的叫声"轧轧"的,像婴儿啼哭,这种鱼就是鲺鱼。另一种生长在溪涧之中,外形和颜色都与前者相同,但是能上树,这种鱼是鲵鱼。徐铉的《稽神录》中说:"谢仲玉看到有个女子在水中出没,腰部以下是鱼,这就是人鱼。"《组异记》里说:"查道奉命出使高丽,见到海沙中有一女子,肘后有红色的鬣鳍。左右问他,他回答说:'这是人鱼。'"这两者与前面说的人鱼名字相同但其实是两种不同的东西,并非鲺鱼、鲵鱼。

鮧[1]鱼，古曰"鰋[2]"，今曰"鲇"，北人曰"鰋"，南人曰"鲇"。体涎无鳞，故名"鲇"，言黏滑也。"鲇鱼上竹竿[3]"，即谓此鱼。大头偃[4]额，故又名"鰋"。《尔雅翼》[5]云："两目上陈，口方尾小，有齿、有胃、有须，生流水者色青白，生止水者色青黄，大者至三四十斤[6]。"

**【注释】**

[1] 鮧：音 yí。

[2] 鰋：音 yǎn。

[3] 鲇鱼上竹竿：据说鲇鱼能上竹竿。但鲇鱼黏滑无鳞，爬竿毕竟困难，所以后来常用以比喻上升艰难。〔宋〕欧阳修《归田录》："君于仕宦，亦何异鲇鱼上竹竿耶？"

[4] 偃：仰着。

[5]《尔雅翼》：一部解释名物的训诂著作，共三十二卷，宋代罗愿著。成书于宋淳熙元年（1174），此书仿《尔雅》，分释草、释木、释鸟、释兽、释

◎〔明〕全俶《金石昆虫草木状》中的鳂鱼

虫、释鱼六类，体例严谨，考据精博，描写生动活泼又具有科学性，较有价值。

[6]《尔雅翼》卷二十九："鳂鱼，偃额，两目上陈，头大尾小，身滑无鳞，谓之'鲇鱼'，言其黏滑也。一名'鳀鱼'。此鱼及鳅鳝之类皆谓之无鳞鱼，食之盖不益人。孟子称'缘木求鱼不得鱼'，今鳂鱼善于登竹，以口御叶而跃于竹上，大抵能登高，其有水堰处，辄自下腾上，愈高远而未止。谚曰'鲇鱼上竹'，谓是故也。或曰：口腹俱大者名'鳠'，背青口小者名'鲇'。鲇口小、背黄、腹白者名'鮠'，一名'河独'今有黄颡鱼与鳂相类，但鳂白而彼黄尔。"

## 【译文】

鳂鱼，古代叫"鳀鱼"，现在叫"鲇鱼"，北方人管它叫"鳀鱼"，南方人管它叫"鲇鱼"。它体表有黏液，没有鳞片，所以叫"鲇鱼"，是说它很黏滑。俗语"鲇鱼上竹竿"，说的就是这种鱼。它头很大，额头向上仰着，所以又叫"鳀鱼"。《尔雅翼》里描述它说："两只眼睛长在上方，嘴呈方形，尾巴小，有牙齿、有胃、有须子，生长在江河等流动的水中的鲇鱼颜色呈青白色，生长在湖泊等静止的水中的鲇鱼呈青黄色，大的可以长到三四十斤重。"

鮠[1]鱼，生江淮间。无鳞，亦鲟属也。头、尾、身鳍俱似鲟，唯鼻短，耳口亦在颔下。骨不柔脆，腹似鲇鱼，背有肉鳍。郭璞所谓"鳠[2]鱼似鲇而大，白色"者是矣。有"鳠""鮅[3]""鮰[4]""鱳[5]"等名。南人呼"鮠"，北人呼"鳠"，并与"鮰"音相近。迄来通称曰"鮰鱼"。而"鳠""鮠"之名不彰矣。"鮅"又"鳠"音之转，秦人谓其发癫，故呼为"鱳鱼"。

◎《古今图书集成》中的鮠鱼

**【注释】**

[1] 鮠：音 wéi。

[2] 鳠：音 hù。

[3] 鮅：音 huà。

[4] 鮰：音 huí。

[5] 鳞：音 lài。

## 【译文】

鮠鱼，生在江淮间。它没有鳞片，也是鲟鱼之类。它的头、尾巴、身体和鱼鳍都像鲟鱼，只有鼻子比鲟鱼短，耳朵和嘴也在颔下。鮠鱼的骨头不柔脆，腹部像鲇鱼，背部有肉鳍。郭璞所说的"鳠鱼像鲇鱼但比鲇鱼大，白色"就是说它。它有"鳠鱼""鯢鱼""鮰鱼""鳞鱼"等名字。南方人称它为"鮠鱼"，北方人称它为"鳠

◎〔明〕全依《金石昆虫草木状》中的鮠鱼

鱼"，都与"鮰鱼"读音相近。近来通称它为"鮰鱼"。而"鳠鱼""鮠鱼"的名字反而流传不广了。"鯢"又是"鳠"的读音之转，秦地的人说吃它能长癞，所以称它为"鳞鱼"。

牛鱼,生东海。其头似牛。《一统志》[1] 云:"牛鱼出女直[2] 混同江[3],大者长丈余,重三百斤。无鳞骨,其肉脂相间,食之味长[4]。"又,《异物志》云:"南海有牛鱼,一名'引鱼',重三四百斤,状如鳢,无鳞骨。背有斑文,腹下青色。知海潮,肉味颇长。"按此二说,则牛鱼鲟属也。"鲟"与"引"又声相近[5]。

**【注释】**

[1]《一统志》:此指《大明一统志》(亦称《明一统志》)。一统志,指封建王朝官方的地理总志。按朝代来说,有《大元一统志》《大明一统志》《大清一统志》等。本条内容出自《本草纲目》卷四十四李时珍的按语,则此《一统志》当是默认其本朝的一统志,即《大明一统志》无疑。

[2] 女直:即女真。辽代时因避辽兴宗耶律宗真讳而称女真为"女直"。

[3] 混同江:古水名,今黑龙江、松花江某些流段,其名始于辽代,各朝代所指不同。

[4] 味长：当时四川方言，巴蜀民间美食家品评绝妙菜品时的一句表示意犹未尽的口头禅。

[5] "鲟"与"引"又声相近："鲟"书中写作其异体字"鱏"，其古音与"引"读音相近。《说文解字注》里标明"鱏"字古音为"余箴切"，"师古曰：今俗语读'寻'"。

【译文】

牛鱼，生长在东海，它的头像牛。《大明一统志》里说："牛鱼出自女真人生活地区的混同江，大的长一丈多，重三百斤。它没有鳞片和骨头，它的肉与脂肪交错，食用的话滋味很好。另外，《异物志》里说："南海有牛鱼，也叫'引鱼'，重三四百斤，样子像鱏鱼，没有鳞片和骨头。它的背部有斑纹，腹部呈青色。据说它能预知海潮，它的肉味道鲜美。"综合这两种说法，则牛鱼是鲟鱼一类的鱼。"鲟"与"引"的读音很接近。

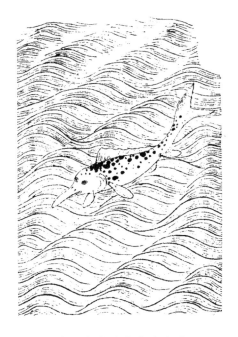

◎《古今图书集成》中的牛鱼

鲟鱼

鲟鱼，出江淮、黄河、辽海深水处，岫[1]居。长二丈余。至春始出而浮阳[2]，见日则目眩。其状如鳣[3]而背无甲。色青碧，腹下白色。其鼻长与身等。口在颔下。食而不饮。颊下有青斑，文如梅花。尾岐如"丙"字。肉色纯白，味亚于鳣。罗愿[4]云："状如鬵[5]鼎，上大下小，大头哆口[6]，似铁兜鍪[7]，能化龙。大者名'王鲔[8]'，小者名'叔鲔'，更小者名'鮥[9]子'。"李奇[10]《汉书》[11]注："周洛[12]曰'鲔'，蜀曰'鮥[13]'、'鳣[14]'。"《毛诗义疏》[15]："辽东、登来[16]人名'尉鱼'，言乐浪尉[17]仲明溺海死，化为此鱼。"《饮膳正要》[18]云："今辽人名'乞里麻鱼'，古又有'鳣鱼''鲔鱼''碧鱼'等称。"

◎《古今图书集成》中的鲔鱼

## 【注释】

[1] 岫：山洞、山穴。

[2] 浮阳：指鱼浮于水面以就阳光。

[3] 鳣（zhān）：鲟鳇鱼的古称。但本书作者认为鳣鱼和鲟鱼是两种不同的鱼。"鳣"字另有 shàn 音，古同"鳝"。

[4] 罗愿（1136—1184）：字端良，号存斋，徽州歙县呈坎（今安徽省黄山市徽州区呈坎镇）人，南宋大臣。任鄂州知事时卒于任上，人称罗鄂州。他精通博物之学，长于考证，著有《尔雅翼》《新安志》等。

[5] 鬵（xín）：古代的一种炊具。《说文》："鬵，大釜（fǔ）也，一曰鼎大上小下若甑曰'鬵'。"釜，同"釜"。

[6] 哆（chǐ）口：张口。

[7] 兜鍪（móu）：古代将士作战时戴的头盔。

[8] 鲔：音 wěi。

[9] 鮥：此处音 luò。

[10] 李奇：东汉学者，南阳人，生平事迹不详，曾为《汉书》作注。

[11]《汉书》：又称《前汉书》，我国第一部纪传体断代史，"二十四史"之一，由东汉史学家班固编撰（八表由班固之妹班昭补写而成，《天文志》由班固弟子马续补写而成），唐代颜师古为之作注。

[12] 周洛：指洛阳地区，因其在东周时期为周王室统治范围，故称。

[13] 鮰：gèng。

[14] 鲭：音 qiú。

[15]《毛诗义疏》：古代有多部同名著作，此应指〔三国吴〕陆玑《毛诗草木鸟兽虫鱼疏》。《诗经·卫风·硕人》"鳣鲔发发"，孔颖达疏引三国吴陆玑云："今东莱、辽东人谓之'尉鱼'，或谓之'仲明'。仲明者，乐浪尉也，溺死海中，化为此鱼。"

[16] 登来：应为"东莱"，汉代郡名，译文依"东莱"。

[17] 乐浪尉：汉代乐浪郡的武官。乐浪，汉代郡名，是汉武帝于公元前108 年平定卫氏朝鲜后在今朝鲜半岛设置的汉四郡之一，当时直辖管理朝鲜中部和南部。尉，古代官名（多为武职）。《史记·秦始皇本纪》："分天下为三十六郡，郡置守、尉、监。"

[18]《饮膳正要》：元代太医忽思慧所撰营养学专著，全书共三卷，成书于元文宗天历三年（1330）。

## 【译文】

鲟鱼，产自江淮、黄河、辽海的深水处，它栖居在水底的岩洞中，长两丈多。到了春天它才开始出来浮于水面以就阳光，但它见到太阳就会眩晕。这种鱼的样子像鳢鱼但后背没有甲片，颜色呈青绿色，腹部下方为白色。它的鼻子与身长相等。它的嘴在颌下。它只吃东西不饮水。它的颊下有青色斑点，纹理如同梅花。它的尾巴分叉，呈"丙"字形。它的肉颜色纯白，味道略逊于鳢鱼。罗愿说："这种鱼的样子像大锅和鼎，上面大下面小，大大的脑袋，张着嘴，样子像一个铁盔，据说它能变成龙。大的鲟鱼叫'王鲔'，小的叫'叔鲔'，更小的叫'鲐子'。"李奇给《汉书》作注时说："洛阳地区称它为'鲔鱼'，蜀地称它为'鮔鱼''鳣鱼'。"《毛诗草木鸟兽虫鱼疏》里记载："辽东、东莱人管它叫'尉鱼'，据说当年汉代乐浪郡的武官仲明溺海而死，化为这种鱼。"《饮膳正要》里说："现在辽东人管它叫'乞里麻鱼'，古代又有'鳣鱼''鲔鱼''碧鱼'等名称。"

鳣鱼

鳣鱼，无鳞巨鱼也。状似鲟，灰白色，背有骨甲三行，鼻长有须，口近颔下，其尾岐出。以三月逆水而上。其居也，在矶[1]石湍流之间；其食也，张口接物，听其自入；其行也，潜伏不浮。渔人以小钩沉而取之，一钩着身，动而护痛[2]，诸钩皆着，船游数日，待其

◎〔明〕王圻、王思义《三才图会》中的鳣鱼

惫而击之。小者百斤，大则长二三丈，重一二千斤。白肉黄脂，层层相间，故有"黄鱼""蜡鱼""玉版鱼"等名。《异物志》[3]又名"含光鱼"，言其脂肉夜有光也。

## 【注释】

[1] 矶：水边突出的岩石或石滩。

[2] 护痛：保护疼痛处，怕疼。也称"护疼"。

[3]《异物志》：指〔三国吴〕沈莹《临海水土异物志》。

## 【译文】

鳣鱼，是一种没有鳞的大鱼。它的样子像鲟鱼，呈灰白色，后背有三行骨甲，鼻子很长，有须子，口临近颔下，它的尾巴分叉伸出。鳣鱼在三月逆水而上。它的栖居地，是激流冲击的石头间；它吃东西的方式，是张开嘴接着，任由食物自行进入；它的行动方式，是潜于水底不浮在水面。渔民用小钩沉入水底捕捉它，只要有一个钩子钩住它的身体，它一动就怕疼，各个钩子就都钩住它，随着船游动几天，等到它疲惫了，渔民就击打捕捉它。小的鳣鱼重达百斤，大的则长两三丈，重一二千斤。它白色的肉和黄色的脂肪层层相叠，所以又有"黄鱼""蜡鱼""玉版鱼"等名字。《临海水土异物志》里又称它为"含光鱼"，是说它的脂肪和肉在晚上能发光。

西施舌，壳类珠蚌而薄，张口时肤肉洁白，圆长而扁，绝类乎舌。一端又有二肉柱外伸，形与蛏等。色亦如玉，烹之甘脆。诧[1]啮妃子唇者以为何如？廉雷人呼为"沙螺"。

【注释】

[1] 诧：惊讶。（按：丛书集成本《然犀志》此处"诧"字误作"脆"。）

## 【译文】

西施舌，它的壳跟珠蚌很像但比珠蚌薄，张开时肤肉洁白，呈长圆形而略扁，特别像舌头。一侧又有两根肉柱伸出体外，形状和蛏子一样。它的颜色也像玉一样，烹制食用又甜又脆。我奇怪咬了贵妃的嘴唇会是什么样的感觉呢？廉州、雷州的人称它为"沙螺"。

◎〔清〕聂璜《海错图》中的西施舌

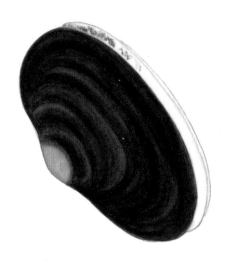

江瑶柱

江瑶柱，万震[1]赞曰："江瑶柱，厥[2]甲美如瑶玉，肉肤寸[3]，厥名'江瑶柱'。"《安南异物名记》[4]曰："江瑶肉腥不中口，仅四肉芽佳耳。长可寸许，圆半之，白如珂雪[5]。一沸即起，甘鲜脆美，不可名状，此所谓'柱'也。"东坡尝以江瑶柱与鲜荔枝为南中[6]尤物[7]，诗云"似闻江瑶斫玉柱[8]"，又云"海螯江柱初脱泉[9]"，其为叹赏如此。《老学庵笔记》[10]曰："明州江瑶柱有二种，大者江瑶，小者沙瑶。沙瑶可种，逾年亦成江瑶矣。"一名"马颊"，一名"马甲"，谓其壳一端圆大，一端尖小，如马嘴也。一名"海月"，言似半月形耳。

【注释】

[1] 万震：三国吴人，据说曾为丹阳太守（此说载于《隋书·经籍志》，而不见于《三国志·吴书》），所著《南州异物志》（原书已佚，《齐民要术》《初学记》《北堂书钞》《史记正义》《一切经音义》《法苑珠林》《太平御览》《事类赋注》等书多有征引）是岭南地区最早的关于广东的珍稀史料。

[2] 厥：文言代词，相当于"其"。

[3] 肉肤寸：其他典籍引万震语均作"肉柱肤寸"，《然犀志》脱一"柱"字。

[4]《安南异物名记》：书名，内容、作者不详。

[5] 珂雪：指白雪，喻如玉般洁白。珂，像玉的石头。

[6] 南中：指岭南地区，亦泛指南方地区。

[7] 尤物：珍贵优异的物品。

[8] 似闻江瑶斫玉柱：出自苏轼《四月十一日初食荔支》一诗。"江瑶"原诗作"江鰩"。

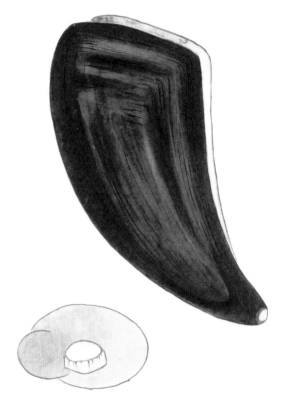

◎〔清〕聂璜《海错图》中的江瑶柱

[9] 海螯江柱初脱泉：出自苏轼《和蒋夔寄茶》一诗。

[10]《老学庵笔记》：南宋诗人陆游创作的一部笔记，内容多是作者或亲历、或亲见、或亲闻之事、或读书考察的心得，是宋人笔记中的佳作。书名取自其书斋名"老学庵"，斋号出处为〔汉〕刘向《说苑·建本》："老而好学，如秉烛之明。"

## 【译文】

江瑶柱，三国时期的万震称赞它说："江瑶柱，它的甲壳美如瑶玉，肉柱像一寸肌肤，所以它的名字叫'江瑶柱'。"《安南异物名记》里说："江瑶柱的肉腥不可口，仅有四个肉芽比较好。长度约一寸左右，半圆形，洁白如雪。水一沸腾就捞出，味道甘鲜脆美，难以形容，这就是所谓的'柱'。"苏东坡曾经把江瑶柱和鲜荔枝视为岭南地区最优异的物品，有诗道，"似闻江瑶斫玉柱"，又道"海蛰江柱初脱泉"，他是如此赞叹欣赏的。《老学庵笔记》里说："明州的江瑶柱有两种，大的是江瑶，小的是沙瑶。沙瑶可以养殖，经过一年就长成江瑶了。"江瑶柱又叫"马颊"，也叫"马甲"，是说它的壳一端又圆又大，一端又尖又小，像马嘴的样子。它又叫"海月"，是说它的形状像半个月亮。

海马，一名"水马"，其首如马，其身如虾，其背伛偻[1]。有竹节纹，长二三寸。雌者黄色，雄者青色。徐表[2]《南方异物志》[3]云："海马，有鱼状，如马头，其喙[4]垂下，或黄或黑，海人捕得，不以啖食。暴[5]干之，以备产患[6]。凡妇人难产，割裂而生者，手持此虫，即如羊之易生[7]也。"

【注释】

[1] 伛偻（yǔ lǚ）：腰背弯曲。

[2] 徐表：古代学者，生平事迹不详，著有《南州记》（或名《南州异物记》《南方记》），原书已佚，佚文散见《证类本草》《本草纲目》等书。又或名徐衷，待考。

[3]《南方异物志》：或即《南州异物记》，待考。下文内容系《本草纲目》的引文（有改动）。

[4] 喙（huì）：鸟兽的嘴。

[5] 暴（pù）：同"曝（pù）"，晒。

[6] 以备产患：古人认为海马主治妇女难产。《证类本草》卷二十一："《异志》云：'生西海，大小如守宫虫，形若马形，其色黄褐。性温，平，无毒。主妇人难产，带之于身，神验。'《图经》云：'生南海，头如马形，虾类也。妇人将产带之，或烧末饮服。亦可手持之。'"

[7] 羊之易生：古人认为羊生产顺利容易。《诗经·大雅·生民》描述后稷降生："诞弥厥月，先生如达。"《郑笺》："达，羊子也。……生如达之生，言易也。"

## 【译文】

海马，也叫"水马"，它的脑袋像马，它的身体像虾，它的背是弯曲的。它有竹节一样的纹理，体长两三寸。雌的海马呈黄色，雄的海马呈青色。徐表在《南方异物志》里说："海马，有鱼的外形，像马头一样的脑袋，它的嘴下垂，海马有的呈黄色，有的呈黑色，渔民捕到以后，并非食用，而是将之晒干，等着用来治疗难产。凡是妇女难产，或者产门撕裂而生的，手里拿着海马，生子就能像羊产子一样容易。"

◎〔清〕聂璜《海错图》中的海马

海蛇[1]，刘恂[2]云："闽人曰'蛇'，广人曰'水母'。"《异苑》[3]曰："石镜状，如血䐡[4]，大者如床，小者如斗。无眼目、腹胃，以虾为目，虾动蛇沉，故曰'水母目虾'，亦犹蛩蛩[5]之与駏驉[6]也。"

【注释】

[1] 蛇：音 zhà。

[2] 刘恂：唐代官员、学者，曾任广州司马，后寓居广州。著有《岭表录异》。

[3]《异苑》：志怪小说集，〔南朝宋〕刘敬叔撰。按：书中引文不见于《异苑》，而实出自〔宋〕唐慎微《经史证类备急本草》（简称《证类本草》）卷二十二，文字略有出入。此当是作者误记，译文据实更正书名。

[4] 䐡（kàn）：血羹。《说文》："䐡，羊凝血也。"

[5] 蛩蛩（qióng qióng）：也作"邛邛（qióng qióng）"，古代传说中的一种怪兽。

[6] 駏驉（jù xū）：也作"距虚""岠虚"，兽名，与骡子相似。《玉篇》：

"驱驢，兽，似骡。"据传蛩蛩与驱驢相类似而形影不离。又，《汉书·司马相如传》："蹷蛩蛩，辚距虚。"颜师古注："张揖曰：'蛩蛩，青兽，状如马。距虚似羸而小。'郭璞曰：'距虚即蛩蛩，变文互言耳。'"依此说，则蛩蛩与驱驢当为同一物种。《吕氏春秋·不广》："北方有兽，名曰蹷，鼠前而兔后，趋则跲（jiá，绊倒），走则颠，常为蛩蛩距虚取甘草以与之。蹷有患害也，蛩蛩距虚必负而走，此以其所能托其所不能。"按此说法，则相互依靠而生的应是"蹷"与"蛩蛩距虚"，与本文所言有异。

## 【译文】

海蛇，刘恂说："福建人称之为'蛇'，两广人称之为'水母'。"《证类本草》里说："海蛇如同石镜的样子，像凝固的血羹，大的像床，小的像斗。海蛇没有眼睛、没有肠胃。它们以虾为眼睛，虾一动海蛇就下沉，所以说'水母的眼睛是虾'，也就像蛩蛩和驱驢一样形影不离。"

◎〔清〕聂璜《海错图》中的蛇鱼

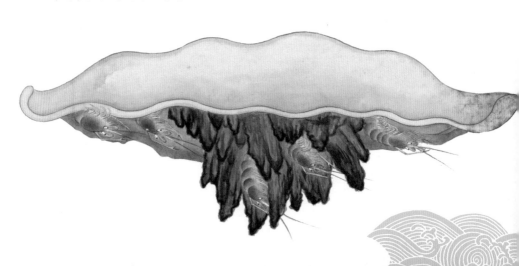

海鹞鱼[1]，生东海，形似鹞，有肉翅，能飞上石。头齿如石板，尾有大毒。逢物以尾拨而食之。其尾刺人，甚者至死。李奉常云："海中颇多，江湖亦时有之，状如盘及荷叶，大者围七八尺，无足，无鳞，背青腹白。口在腹下，目在额上。尾长有节，螫人甚毒。皮色肉味，俱同鲇鱼。肉内皆骨，节节联比，脆软可食，吴[2]人腊[3]之。"《魏武食制》云"蕃踏[4]鱼，大者如箕，尾长数尺"是矣。又，《岭表录异》云："鹞子鱼，嘴形如鹞，肉翅无鳞，色类鲇鱼，尾尖而长，有风涛即乘风飞于海上。"此亦海鹞鱼之类也。又，陈藏器云："有鼠尾鱼、地青鱼，并生南海，皆有肉翅，刺在尾中。"此亦海鹞鱼之类也。

**【注释】**

[1] 海鹞鱼：也作"海鳐鱼"。

[2] 吴：指江苏南部和浙江北部一带，是古代吴国的地方。

[3] 腊（xī）：干肉。此处用作动词，晒成干肉。

[4] 蕃踏：也作"蕃蹋""蕃逾"。

## 【译文】

海鹞鱼，生在东海，外形像
鹞子，有肉翅，能飞到石头上。它
的头和牙齿像石板，尾部有剧毒。
遇到东西就用尾巴拨动然后吃
掉。它的尾巴刺到人，严重者能
够致死。李太医说："这种动物海
中很多，江湖中也时常出现，它
的样子像盘子或者荷叶，大的周
长七八尺，没有脚，没有鳞片，背
部呈青色，腹部呈白色。它的嘴
在腹部下面，眼睛在额头上。它

◎《古今图书集成》中的海鹞鱼

的尾巴很长，上面有节，蜇人毒性很大。它的皮色和肉味，都与鲇鱼一样。
它的肉里都是骨头，一节节联排并列，又脆又软，可以食用。吴地的人将它
晒成肉干保存。"《魏武食制》里说的"蕃踏鱼，大的像个簸箕，尾巴长达数
尺"，就是它。又，《岭表录异》里说："鹞子鱼，嘴的形状像鹞子，长着肉翅，
没有鳞片，颜色很像鲇鱼，尾巴又尖又长，有风涛的时候就乘风在海上飞
翔。"这也是海鹞鱼之类的鱼。又，陈藏器说："有鼠尾鱼、地青鱼，都生于南
海，都有肉翅，刺在尾巴里。"这也是海鹞鱼之类的鱼。

鳝鱼，《录异记》[1]："鳝鱼状如鳢，能为魁[2]鬼，幻惑妖怪，亦能魅人。[3]"

**【注释】**

[1]《录异记》：中国古代神仙集，〔五代〕杜光庭撰。共十卷，今存八卷。

[2] 魁（zù）：怪鬼名。

[3]《录异记·异鱼》原文为："鳝鱼状如鳢，其文赤斑，长者尺余，豫章界有之，多居污泥池中，或至数百，能为魁鬼，幻惑妖怪，亦能魅人。"

**【译文】**

鳝鱼，《录异记》里说："鳝鱼的样子像鳢鱼，能变成魁鬼，幻化成妖怪，也能迷惑人。"

六眸龟，《宋史》："太宗时，万安县献六眸龟[1]。"万安县即今万州[2]也。

## 【注释】

[1] 万安县献六眸龟：当为"万安州献六眸龟"，事在宋太宗淳化四年（993）。《宋史·太宗本纪》："十一月丁巳，万安州献六眸龟。"按："万安县"为唐时名称，宋代称"万安州"，后改为"万安军"。六眸龟，长有六只眼睛的龟，古人视之为祥瑞。〔晋〕郭璞《江赋》："有鳖三足，有龟六眸。"〔晋〕王嘉《拾遗记》卷十："员峤山……西有星池千里，池中有神龟，八足六眼，背负七星、日、月、八方之图，腹有五岳、四渎之象。时出石上，望之煌煌如列星矣。"

[2] 万州：今海南省万宁市，位于海南岛东南部。

## 【译文】

六眸龟，《宋史》中记载："太宗时，万安县进献六眸龟。"万安县就是现在的海南省万宁市。

《琼郡志》云：文昌县[1]北石井中有红、白二龟。遇旱祷焉，红出则雨，白则否。

【注释】

[1] 文昌县：今海南省文昌市，位于海南省东北部。

【译文】

《琼郡志》里说：文昌县北的石井中有红、白二龟。遇到旱天祈祷，如果红龟露出水面，就要下雨，白龟出现则不会下雨。

封龟。琼海[1]中有封龟，大者如岛，洋舶畏之。小者亦重二三百斤，渔人得之，味甚佳，可治疥癣。

**【注释】**

[1] 琼海：这里指琼州海峡。

**【译文】**

封龟。琼州海峡里有封龟，个头较大的像一座小岛，出洋的船都怕它。这种龟小的也重达二三百斤，渔民捕到它，吃起来味道非常美，它也可以治疗疥癣。

纳鳖

纳鳖，鳖之无裙而头、足不缩者，名"纳鳖"。不可以食，食则令人昏塞。煎黄芪<sup>[1]</sup>吴蓝<sup>[2]</sup>汤服之，立解。

**【注释】**

[1] 黄芪（qí）：中药材名。

[2] 吴蓝：蓝草的一种，可做染料。

**【译文】**

纳鳖，没有鳖裙、头和四足不能缩回的鳖叫"纳鳖"。它不能食用，一旦食用就会令人昏迷窒息。煎黄芪吴蓝汤服用，可以立刻解毒。

下卷

朱鳖，生海南，大如钱，腹亦如血。《淮南子》[1] 所谓 "朱鳖浮波，必有大雨 [2]" 者也。

【注释】

[1]《淮南子》：又名《淮南鸿烈》《刘安子》，西汉皇族淮南王刘安及其门客收集史料集体编写而成的一部哲学著作。该书在继承先秦道家思想的基础上，综合了诸子百家学说中的精华部分，对后世影响很大。

[2] 朱鳖浮波，必有大雨：语出〔明〕彭大翼《山堂肆考》卷四 "鳖浮波"条：《淮南子》曰：'朱鳖浮于波上，必有大雨。'" 今本《淮南子》无此内容。

【译文】

朱鳖，生长在海南，如铜钱大小，腹部也是鲜血一样的红色。《淮南子》里所说的 "朱鳖浮在水面上，必定要下大雨"，说的就是这种动物。

玳瑁,状如龟鼋而壳稍长,背有甲十四片,黑白斑文 [1] 相错而成。

◎〔明〕王圻、王思义《三才图会》中的玳瑁

**【注释】**

[1] 黑白斑文：玳瑁壳上一般都是黑（实际为深褐色）黄相间的斑纹，书中"黑白"之说不知何据。译文依原文。

**【译文】**

玳瑁，样子像龟和鼋，但壳稍长些，背上有十四片甲片，黑白斑纹交叉错落。

鹦鹉螺，出清澜[1]海中。《南州异物志》云："状如覆杯，头如鸟头，向其腹，视之似鹦鹉，故名。土人取以为酒器，名'鹦鹉杯'。"

○〔清〕聂璜《海错图》中的鹦鹉螺

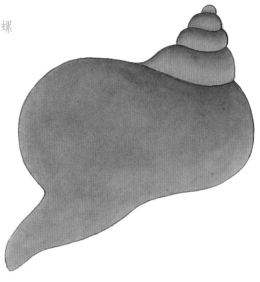

**【注释】**

[1] 清澜：港口名，位于海南岛东岸北部，今属海南省文昌市。

**【译文】**

鹦鹉螺，产于清澜海中。《南州异物志》里说："鹦鹉螺的样子像一个倒扣着的杯子，它的头像鸟头，伸向腹部，看起来像鹦鹉，所以得名。当地人将它拿来当作酒器，称为'鹦鹉杯'。"

流螺，通名[1]"海螺"，大如拳，其厣[2]谓之"甲香"，《格物论》[3]云："合众香烧之，能发香，独烧则臭。"然则流螺犹砺石[4]也，可以攻玉[5]，使玉光莹，而自不免于粗粗。

【注释】

[1] 通名：名物的一般称呼。

[2] 厣（yǎn）：螺类介壳口圆片状的盖，是由足部表皮分泌的物质形成的。

[3]《格物论》：书名，内容、作者不详。引文系转引自〔明〕郭棐《广东通志》卷五十二。

[4] 砺石：可作磨刀石和石磨的一种粗石，亦泛指粗石。丛书集成本《然犀志》误作"蛎石"。

[5] 攻玉：将玉石琢磨成器。

**【译文】**

流螺，一般被称为"海螺"，大如拳头，它的壳口的盖儿被称为"甲香"，《格物论》里说："甲香和各种香一起点燃，能发出香味，单独点燃则是臭的。"流螺犹如磨石一般，可以用来打磨玉器，使玉器光洁莹润，而它自己却不免于粗糙。

海胆，介虫也，形圆如胆，周身有刺如猬毛。琢磨其壳，可以为杯，其肉可为鲊[1]为酱。

**【注释】**

[1] 鲊（zhǎ）：一种用盐和红曲腌的鱼。

**【译文】**

海胆，是一种介虫，形状浑圆像一个胆，全身有刺猬一样的刺。打磨它的壳，可以做成杯，它的肉可以制成腌鱼，也可以做成鱼酱。

车螯，洁白如玉，俗呼"车白"。壳厚微黄。梁元帝[1]以为"味高食部[2]"者，此也。其大者名"蜃[3]"，能吐气成楼台[4]，春夏间依约[5]海溆[6]常有此气。

【注释】

[1] 梁元帝：即萧绎（508—555），字世诚，小名七符，号金楼子，籍贯南兰陵郡兰陵县（今江苏省常州市武进区），生于丹阳郡建康县（今江苏南京），南朝梁第四位皇帝（552—555在位），为人性好矫饰，多猜忌，而工书，善画，能文，著有《孝德传》《怀旧志》《金楼子》等四百余卷。原有集，已佚，后人辑有《梁元帝集》。

[2] 味高食部：语出梁元帝《谢赍（lài）车螯蛤蜊启》："车螯，味高食部，名陈物志；蛤蜊，声重前论，见珍若士。并东海波臣，西王母药，雀文始化，燕羽犹在，体润珠胎，形随月减。"

[3] 蜃：大蛤蜊，亦指传说中蛟一类的神物，能吐气成海市蜃楼。

[4] 吐气成楼台：所谓"海市蜃楼"实际上是大气由于光线折射而出现的自然现象，古人以为是蜃吐气幻化而成的。《史记·天官书》："海旁蜄（蜃）气象楼台，广野气成宫阙，然云气各象其山川人民所聚积。"〔宋〕沈括《梦溪笔谈》卷二十一："登州海中，时有云气，如宫室、台观、城堞（dié）、人物、车马、冠盖，历历可见，谓之'海市'。或曰：'蛟蜃之气所为'。"〔明〕叶盛《水东日记》卷三十一："登州蓬

◎〔明〕全俶《金石昆虫草木状》中的车螯

莱县纳布老人言：海市惟春三月东南风时为盛，多见者。城郭、楼观、旗帜、人物皆具。变幻非一：或大而为峰峦林木，或小而为一畜一物，皆有之，其色类水，惟青绿色。大率风水气漩而成。西风、北风无之，故冬月罕见也。"虽然《水东日记》已经提出了比较合乎自然科学的说法，但无论康熙年间聂璜的《海错图》还是本书，都坚信蜃气幻化之说。

[5] 依约：隐约，仿佛。

[6] 海湑（xù）：海边。

## 【译文】

车螯，颜色洁白如玉，俗称"车白"。它的壳较厚，颜色微黄。梁元帝认为的"食物中味道最上乘"的，就是它。大的车螯名字叫"蜃"，能吐气形成楼台，春夏之间依稀可以在海边看到这种蜃气。

九孔螺，《本草》谓之"石决明"，形如蚌蛤之半片，其凸处作螺旋形，沿唇有孔一行，多者十余孔也。又名"鳆鱼"。新莽喜食鳆鱼[1]者，即此。

【注释】

[1] 新莽喜食鳆鱼：典出《汉书·王莽传（下）》："莽忧懑不能食，亶（dàn，同'但'）饮酒，啖鳆鱼。"新莽，即王莽（前45—23），因其代汉建立"新"朝，故称。

## 【译文】

　　九孔螺,《本草纲目》中称之为"石决明",它的样子像蚌蛤的半片,凸起处呈螺旋形,沿着螺唇有一行小孔,多的有十多个孔。它又叫"鳆鱼"。《汉书》里说王莽喜欢吃鳆鱼,指的就是此物。

◎〔清〕聂璜《海错图》中的九孔螺

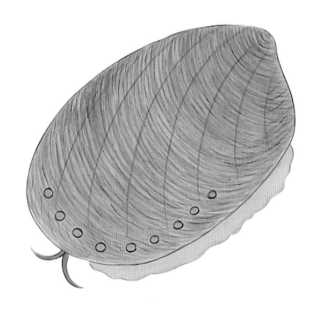

牡蛎，附石而生，不能行游。礧磈[1]连属如房，故一名"蛎房"，又名"蠔山"。初生海畔，如拳石[2]，四面有大至一二丈者。每房之内，各生蠔肉一块，潮来诸房俱开，有小虫入，则闭房以充腹。肉味甚美，壳可砌墙，亦可烧灰涂壁。覆其壳，左顾者谓之"牡蛎"[3]。

**【注释】**

[1] 礧磈（léi wěi）：高低不平的样子。

[2] 拳石：假山。

[3] 左顾者谓之"牡蛎"：古人认为"牡蛎"之"牡"是表示性别的"牝牡"之"牡"，认为壳向左倾斜的是雄性，所以叫"牡蛎"。〔清〕胡世安《异鱼图笺赞》卷二："其生着石，皆以口在上，举以腹向南视之，口斜向东则是左顾，道家以左顾者是雄，名'牡蛎'，右顾者名'牝蛎'。入药用左顾者良。"

## 【译文】

牡蛎，附着在石头上生长，不能游动。它们高高低低地连在一起，像房子一样，所以也叫"蛎房"，又叫"蠔山"。牡蛎初生在海边，像假山一样，四面能大到一二丈。每个蛎房之内，各生有一块蠔肉，潮水来的时候每个蛎壳都打开，有小虫进入，就关闭蛎壳，食用小虫以饱腹。牡蛎的肉味极美，它的壳可以砌墙，也可以烧成灰涂墙。把它的壳扣过来，口朝左的被称为"牡蛎"。

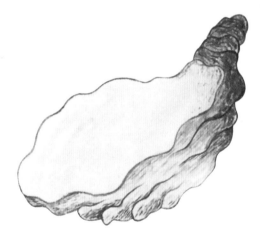

◎〔明〕全俶《金石昆虫草木状》中的牡蛎

蚶有数种，丝蚶纹细如丝，即魁陆。阿婆蚶似丝蚶，稍长而不正。海蚶甚大，有片甲大如屋者，以治器，即为"车渠[1]"，多产崖州[2]。按：蚶壳似瓦垄文，故又名"瓦垄子"，其肉美，名"天脔[3]"。

【注释】

[1] 车渠：一种大型海产双壳贝类，亦指其壳所制成的物品。因外壳表面有一道道沟槽，状如古代车辙，故称"车渠"，后人因其坚硬如石，又加石字旁作"砗磲"。砗磲是稀有的有机宝石，也是佛教中推崇的圣物，与金、银、琉璃、玛瑙、珊瑚、珍珠一起被尊为七宝。

[2] 崖州：今海南省三亚市崖州区。

[3] 天脔（luán）：古人认为蚶是从天而降的，所以称之为"天脔"。脔，切成小片的肉。（按：丛书集成本《然犀志》误作"天脔"。）

**【译文】**

　　蚶有好几种，丝蚶的纹理细小如丝，就是魁陆。阿婆蚶很像丝蚶，比丝蚶稍长而形状不正。海蚶非常大，有片甲大如房屋的，用来制作器物，就是"车渠"，它多产在崖州。按：蚶的壳像瓦垄纹，所以又叫"瓦垄子"，它的肉味鲜美，被称作"天脔"。

◎〔明〕全俶《金石昆虫草木状》中的蚶

石蚗[1]，形如龟脚[2]，得春雨则花生[3]。郭璞《江赋》[4]："石蚗应节[5]而扬葩[6]。"

**【注释】**

[1] 石蚗（jié）：也作"石蜐（jié）"，又名"龟脚""龟足"。

[2] 龟脚：此处意为"乌龟的脚"，石蚗的别名"龟脚"即由此得名。

◎〔清〕聂璜《海错图》中的石蚗

[3] 得春雨则花生：石垚在春天生长，样子像草木开花一样。《文选》李善注引《南越志》："石垚，形如龟脚，得春雨则生花，花似草华。"

[4]《江赋》：东晋文学家郭璞创作的一篇辞赋，全赋以长江为描写对象，气势宏阔，充满了对江南自然山水的赞美和人文气象的讴歌。

[5] 应节：适应时节。

[6] 扬葩：开花。

## 【译文】

石垚，样子像乌龟的脚，得到春雨的滋润就生长开花。郭璞在《江赋》里写道："石垚适应时节生长开花。"

蚬

蚬壳青黄，生溪湖中，其类甚多，大小厚薄不一。琼郡旧志云："盛夏取生蚬，以酒、盐、苏麻拌鬯[1]之，暴干，名曰'晒蚬'。"

**【注释】**

[1] 鬯（chàng）：古代祭祀或宴饮用的香酒，用郁金草和黑黍酿成。这里用作动词，指用酒腌制。

## 【译文】

蚬的壳呈青黄色，生长在溪湖之中，它的种类非常多，大小厚薄各不相同。琼郡旧的郡志里说："盛夏之际捕捉生蚬，用酒、盐、苏麻拌了腌制，然后晒干，名叫'晒蚬'。"

◎〔明〕全俶《金石昆虫草木状》中的蚬

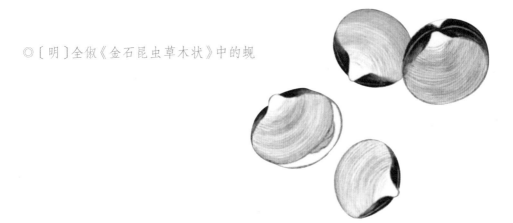

蛏似马刀[1]而壳薄，长二三寸，大如拇指。又有"竹节蛏"，以夏月[2]出。

◎〔明〕全俶《金石昆虫草木状》中的蚬

【注释】

[1] 马刀：骑兵作战时用的略长的弯刀。

[2] 夏月：夏天，有时也特指农历五月。

【译文】

蛏的样子像马刀但壳很薄，长两三寸，如拇指大小。还有一种"竹节蛏"，夏天才出产。

水豆芽, 蛏类也, 鲜时壳中有一肉柱如牙箸[1], 腌之则无。

## 【注释】

[1] 牙箸: 象牙制成的筷子。

## 【译文】

水豆芽, 属于蛏类, 新鲜时壳里有一条像象牙筷子一样的肉柱, 腌渍之后就没有了。

　　蛤,《说文》[1]云:"蛤有三,皆生于水[2]:蛤蜊,千岁鸟所化也[3];海蛤,百岁燕所化也;魁蛤,一名'复老[4]',服翼[5]所化。"《淮南子》云:"方诸[6]见月则津[7]而为水。"高诱[8]注:"方诸,大蛤也。"按:《吕氏春秋》[9]:"月望[10]则蚌蛤实[11],群阴[12]盈。月晦[13]则蚌蛤虚[14],群阴缺。"

## 【注释】

　　[1]《说文》:即《说文解字》,东汉经学家、文字学家许慎编著的辞书,是我国最早的系统分析汉字字形和考究字源的辞书,也是世界上较早的字典之一。

　　[2]皆生于水:《说文》原文作"皆生于海"。

　　[3]蛤蜊,千岁鸟所化也:《说文》原文为:"厉(蛎),千岁雀所化。"段玉裁注:"'千'当作'十',雀十岁则为老矣,《月令》所云'爵(雀)入大水为蛤'也。"

[4] 复老：《说文解字》原文作"复累老"，《证类本草》《山堂肆考》《异鱼图赞笺》等书亦作"伏老"。译文依原文。

[5] 服翼：也作"伏翼"，蝙蝠的别名。

[6] 方诸：古代在月下承露取水的器具。《淮南子·览冥训》："夫阳燧取火于日，方诸取露于月。"

[7] 津：有机体的体液。

[8] 高诱：东汉学者，涿郡涿县（今河北省涿州市）人。少受学于同县卢植。著有《吕氏春秋注》及《淮南子注》（今与许慎注相杂）等，另有《孟子章句》《孝经注》《战国策注》，今已散佚。

[9]《吕氏春秋》：又称《吕览》，战国末期，在秦相吕不韦的主持下集合门客们编撰的一部杂家名著。全书分为十二纪、八览、六论，以道家思想为主体，博采众家学说。

[10] 望：农历每月十五日。《吕氏春秋》高诱注："月十五日盈满，在西方与日相望也。"

[11] 蚌蛤实：指蚌蛤内部饱满。《吕氏春秋》高诱注："蚌蛤，阴物，随月而盛，其中皆实满也。"

◎〔明〕全俶《金石昆虫草木状》中的蛤

[12] 群阴：各种阴象。

[13] 晦：农历每月的最后一天。

[14] 蚌蛤虚：《吕氏春秋》高诱注："虚，蚌蛤肉随月亏而不盈满也。"

## 【译文】

蛤，《说文解字》里说："蛤有三种，都生在海中：蛤蜊，是上千岁的鸟雀所变的；海蛤，是上百岁的燕子所变的；魁蛤，也叫'复老'，是蝙蝠所变的。"《淮南子》里说："方诸见到月亮就能生出津液和水。"高诱注："方诸，是大蛤。"按：《吕氏春秋》里说："到了十五日月圆的时候，蚌蛤内部就饱满，是因为各种阴象都充盈。到了月底，蚌蛤内部就不饱满，是因为各种阴象都缺损。"

红蟹，出儋州[1]。壳上有十二点红，深如胭脂。《北户录》云："其壳与虎蟹堪作叠子[2]。"

【注释】

[1] 儋（dān）州：今为海南省儋州市。西汉时为儋耳郡，是海南最早设置行政建制的地区，清朝时归琼州府管辖。

[2] 叠子：即碟子。

◎〔清〕聂璜《海错图》中的红蟹

**【译文】**

红蟹，产自儋州。它的壳上有十二点红色，深如胭脂。《北户录》里说："它的壳和虎蟹都能做碟子。"

翠蟹，色如翡翠，出台湾，南澳<sup>[1]</sup>亦有之。

**【注释】**

[1] 南澳：南澳岛，我国南海沿岸大陆岛，位于广东省东南部海域，今属广东省汕头市南澳县。

**【译文】**

翠蟹，颜色像翡翠一样，产自我国台湾，南澳岛也有。

膏蟹

膏蟹，出万州者大而味佳。

【译文】

膏蟹，产自万州（今海南省万宁市）的个头大而味道好。

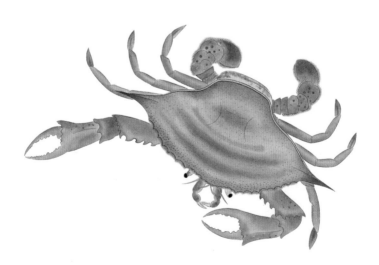

◎〔清〕聂璜《海错图》中的膏蟹

毛蟹，产琼山 [1] 淡水中，味极鲜美。

## 【注释】

[1] 琼山：今海南省海口市琼山区，当时隶属琼州府。

## 【译文】

毛蟹，产自琼山的淡水中，味道极其鲜美。

◎〔清〕聂璜《海错图》中的毛蟹

石蟹[1]，生崖州之榆林港，本活蟹也。窟穴甚深。掘得即于水中洗涤净，去泥出水，见风便化而成石，取巨筐螯足全者作怪石供[2]，甚奇。医书云："石蟹性寒，能消肿毒，治目疾。"

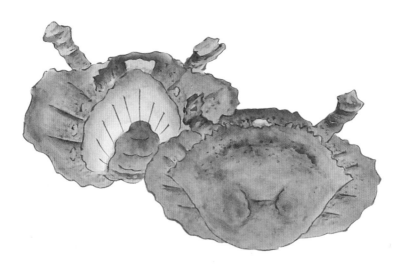

◎〔清〕聂璜《海错图》中的石蟹

**【注释】**

[1] 石蟹：一种蟹化石，与上卷的"石蟹"并非同一物种。〔清〕聂璜《海错图》："按《本草注》：'石蟹生南海，云是寻常蟹耳，年月深久，水沫相着，因而化成。'又曰：'近海州郡多有，质体石也，而都与蟹相似，但有泥与粗石相杂耳。'"

[2] 怪石供：指以怪石为素材的传统清供。所谓"清供"是在室内放置于案头供观赏的物品摆设，主要包括各种盆景、插花、时令水果、奇石、工艺品、古玩、精美文具等，可以为厅堂、书斋增添生活情趣。

**【译文】**

石蟹，生长在崖州的榆林港，原本是活蟹。它的窟穴非常深。一旦挖到，就在水中洗涤干净，去掉泥之后出水，见风便化成石质一般，取蟹壳较大、螯足齐全的可以充当怪石清供，非常奇特。医书里说："石蟹性寒，能消除肿毒，治疗眼病。"

鼍[1]，介属也，产琼海港中，蛇首鼍身[2]。其膏轻利[3]，贮以铜瓦等器皆渗，惟卵壳盛之不漏。治肿毒功同熊胆。

**【注释】**

[1] 鼍（diào）：动物名，龟类。《正字通》："龙种曰鼍。"

[2] 蛇首鼍（tuó）身：〔晋〕裴渊《广州记》作"蛇首龟身"。鼍：扬子鳄。

[3] 轻利：锋利，这里指渗透性强。

**【译文】**

鼍，是一种甲壳类动物，产于琼州海峡的海港口中，它的头像蛇，身子像扬子鳄。它的油脂渗透性很强，用铜器、陶器贮存都会渗漏，只有用蛋壳盛放才不会渗漏。用来治疗肿毒功效与熊胆相同。

海狗，形如狗，大如猫，纯黄色。常群游背风沙中，遥见船行，则没入海中。其肾谓之"腽肭脐[1]"。渔人以技获之。

**【注释】**

[1] 腽肭脐（wà nà qí）：一名"海狗肾"，海狮科动物海狗、海豹科动物斑海豹或点斑海豹的阴茎和睾丸，入中药，有补肾等作用。参阅〔明〕李时珍《本草纲目·兽二·腽肭兽》。海狗、斑海豹、点斑海豹现均为国家二级保护动物，禁止滥捕。

**【译文】**

海狗，样子像狗，大小像猫，纯黄色。海狗常常成群地在背风的沙中嬉戏，远远望见有船过来，就潜入海中。它的肾被称为"腽肭脐"。渔人靠各种技巧捕捉到它。

海獭，似獭而大，生海中，脚下有皮如胼拇[1]。其毛着水不濡[2]，其肉亦可食。海中又有海牛、海马、海驴等，剥其皮皆应风潮，潮来毛皆竖起，獭亦然。

**【注释】**

[1] 胼（pián）拇：也作"骈拇"，脚的大拇指跟二拇指连在一起，成了畸形的状态。

[2] 濡：沾湿。

**【译文】**

海獭，像獭但比獭大，生长在海中，脚下有皮，像并列长在一起的脚趾。它的毛遇水不会被沾湿，它的肉也可以食用。海中还有海牛、海马、海驴等，剥了皮都能预报风潮，潮来时毛都竖起来，海獭也是这样。

海鳛,海鱼之最伟者,故谓之"鳛[1]",犹"酋长"也。有大不可限量,长数百十里,望之如连山者。其小者亦千余尺。背常负子以游。蜒人[2]以长绳系铁枪,乘小船,丛标其子,伺其困毙,曳至岸,取油,可值数万钱。其脊骨可作舂臼,俗名"海龙翁"。

**【注释】**

[1] 鳛(qiū):"鳅"的异体字,但古人认为"鳅"字与"鳛"字语义有差别,〔清〕聂璜《海错图》:"《字汇》从'酋'不从'秋'。愚谓'酋',健而有力也,故曰'酋劲'。是以古人称蛮夷,以野性难驯为'酋'。今鱼而从'酋',其悍可知。"

[2] 蜒(dàn)人:通常作"蜑(dàn)人"。旧时居住在广东、福建地区的少数民族,受统治者的歧视和迫害,不许陆居,不列户籍。他们以船为家,从事捕鱼、采珠等劳动,计丁纳税。明洪武初年,始编户,立里长。由河泊司

管辖，岁收渔课，称"蜑户"，也作"蜒户"。

**【译文】**

海鳛，是海鱼中最大的，所以被称之为"鳛"，是说它是鱼中的"酋长"。有的海鳛大到不可限量，长达百十里，看上去像连在一起的山。小的也有千余尺。它的背上常背着幼崽游动。渔民用长绳系上铁枪，乘着小船，集中投射它的幼崽，等到它被杀死，就拽到岸上，取它的油，可以值几万钱。它的脊骨可以做春臼，俗称"海龙翁"。

鳅

鳅有江海湖池之异。海鳅生海中，极大。江鳅生江中，长七八寸。泥鳅[1]生湖池中，最小，长三四寸，状似蟮[2]而小，锐首肉身，青黑色，无鳞。以涎自染，滑疾难握。与他鱼牝牡[3]，故《庄子》[4]曰"鳅与鱼游[5]"也，生沙中者微有文采。

【注释】

[1] 泥鳅：今作"泥鳅"。

[2] 蟮：同"鳝"，鳝鱼。

[3] 牝牡：雌雄，这里指交配。

[4]《庄子》：又名《南华经》，我国古代哲学著作，是战国中后期庄子及其后学所著道家学说的汇总，是道家学派的代表著作。

[5] 鳅与鱼游：指鳅与其他的鱼交配，语出《庄子·齐物论》："麋与鹿交，鳅与鱼游。"

## 【译文】

鳛这种鱼有江海湖池的差异。海鳛生在海中，特别大。江鳛生在江中，长七八寸。泥鳛生在湖泊和池塘中，最小，长三四寸，样子像鳝鱼但比鳝鱼小，尖脑袋肉身子，呈青黑色，没有鳞。它用涎沫涂遍自己全身，身体湿滑，动作迅急，难以握住。这种鱼与其他的鱼交配，所以《庄子》说"鳛与其他鱼相交"，生长在沙中的鳛身上略有花纹。

◎《古今图书集成》中的鳛鱼

翻车鱼[1],《海槎余录》[2]云："秋晚巡行[3]昌化邑[4],俄[5]见海洋烟水[6]腾沸[7]。竞前观之,有二大鱼游戏水面。各头下尾上,决起[8]烟波中,约长数丈。离而复合数四[9]。每一跳跃,声震里许。土人曰:'此翻车鱼也,间岁[10]一至。两鱼跳跃,交感[11]生育之意耳。'"

【注释】

[1] 翻车鱼:《海槎余录》原文作"番车鱼",《广东通志》《格致镜原》引《海槎余录》亦作"番车鱼"。

[2]《海槎(chá)余录》:明代顾岕(jiè)所著的笔记,记录了他在海南为官时所见的土俗民风、鸟兽虫鱼,对研究海南的历史文化有一定的史料价值。

[3] 巡行:往来视察。

[4] 昌化邑:昌化县,今海南省昌江黎族自治县昌化镇,地处昌江黎族自治县西南部。

[5] 俄：突然间。

[6] 烟水：雾霭迷蒙的水面。

[7] 腾沸：水翻腾涌动的样子。

[8] 决（xuè）起：腾跃而起。

[9] 数（shuò）四：再三再四，指多次。

[10] 间（jiàn）岁：隔一年。《汉书·食货志下》："汉发南方吏卒往诛之，间岁万余人，费皆仰大农。"颜师古注："间岁，隔一岁。"

[11] 交感：交配。

## 【译文】

翻车鱼，《海槎余录》里说："一个秋日傍晚，我到昌化县视察，突然间看到海洋雾霭迷蒙的水面翻腾涌动。抢步上前观看，见到两条大鱼在水面嬉戏。它们头朝下、尾朝上，在烟雾笼罩的水面腾跃而起。这种大鱼长约数丈。它们离开再聚合，如此多次。每一次跳跃，震动之声可以传出一里左右。当地人说：'这是翻车鱼，它们隔一年来一次。两条鱼这种跳跃的行为，是要交配和生育。'"

倒挂鱼，鲜食醉人，宜作鲊，出万州。

**【译文】**

倒挂鱼，鲜着吃容易让人醉倒，适合做成腌鱼，出于万州（今海南省万宁市）。

鱀[1]鱼,其脊若锋刃,锐喙长嘴,大腹,鼻在额上,能作声。少肉多膏,大者长一二丈。

**【注释】**

[1] 鱀:音 jì。

**【译文】**

鱀鱼,它的脊背像锋利的刀刃,嘴又尖又长,长着大肚子,鼻子在额头上。鱀鱼能发出声音,肉少脂肪多,大的长达一两丈。

黄鲝鱼[1]，《儋州志》云："一名'大头'，土人呼作'赤鱼'。"状如鲇之大者，子如龙眼[2]。春末夏初，海上叠阵而来，举网或不能胜[3]。

**【注释】**

[1] 黄鲝鱼：本书"黄颡鱼"亦名"黄鲝鱼"，与此"黄鲝鱼"应非同一鱼类。参见本书 056 页。

[2] 龙眼：我国南方特产的一种佳果，也叫桂圆。

[3] 胜（旧读 shēng）：能承担，能承受。

**【译文】**

黄鲝鱼，《儋州志》里说："它也叫'大头鱼'，当地人称作'赤鱼'。"它的样子像大鲇鱼，鱼子像龙眼。春末夏初的时候，它们在海上重重叠叠结阵而来。举网捕捞时，有时多得渔网都难以承受。

马膏鱼，即马鲛鱼也。皮上亦微有珠，然与珠鲛不同。其味甚美，出昌化。

**【译文】**

马膏鱼，就是马鲛鱼。它的皮上也略有珠状颗粒，但与珠鲛不同。它味道极美，产自昌化。

乌鱼，似马鲛而短小，无黑花点。

**【译文】**

乌鱼，长得像马鲛鱼但比马鲛鱼短小，没有黑色的花点。

石首鱼，野鸭所化[1]，头中有白石二枚，莹洁如玉，故名"石首"。又名"黄花鱼"。腌而干之，名"鲞鱼[2]"。陆广微[3]《吴地记》[4]曰："阖闾[5]思海鱼而难于生致，治生鱼盐渍而日干之，故名为'鲞'。"

【注释】

[1] 野鸭所化：古人相信"化生"之说，认为有些生物是别的物种变化生成。古人认为石首鱼是野鸭所变，甚至它还能变成野鸭。

[2] 鲞（xiǎng）鱼：干鱼、腌鱼，有时特指石首鱼制成的腌腊食品。《尔雅翼》卷二十九："南人名为鲞。"〔明〕李时珍《本草纲目·鳞三·石首鱼》："干者名鲞鱼。"鲞：剖开晾干的鱼，后泛指成片的腌腊食品。

[3] 陆广微：唐代学者。吴（今江苏苏州）人，著有《吴地记》。

[4]《吴地记》：唐代陆广微撰写的一部地方志，共一卷，多记古国吴地之事，约成书于唐僖宗乾符三年（876）。

[5] 阖闾（hé lú）（前547—前496）：一作"阖庐"，姬姓，名光，春秋末期吴国君主，公元前514年至公元前496年在位。

## 【译文】

石首鱼，是野鸭变成的，它的脑袋里有两枚白色的石头，莹润洁净，像玉一般，所以这种鱼名叫"石首鱼"。它又叫"黄花鱼"。腌制晾干，叫作"鲞鱼"。陆广微在《吴地记》里说："吴王阖闾想吃海鱼但又难以得到活的，就处理生鱼，把它用盐腌渍后晒干，所以叫'鲞鱼'。"

◎〔明〕全侃《金石昆虫草木状》中的石首鱼

勒鱼，一名"青鳞"，状如鲗鱼，小首细鳞。《澄迈志》[1]云："小儿痘疹[2]，煮以食之。"

## 【注释】

[1]《澄迈志》：即《澄迈县志》，澄迈县位于海南岛西北部，明清两朝隶属琼州府。《澄迈县志》历史上曾多次修撰，如明嘉靖三十二年（1553）、万历四十一年（1613）、清康熙十一年（1672）、康熙二十七年（1688）、康熙四十九年（1710）所修版本均早于《然犀志》作者生活的时代。

[2] 痘疹：即天花，是由天花病毒感染而引起的一种烈性传染病。

**【译文】**

勒鱼，也叫"青鳞鱼"，样子像鲥鱼，小脑袋、细鳞片。《澄迈县志》里说："小孩子得了天花，可以煮勒鱼吃了治病。"

◎《古今图书集成》中的勒鱼

竹鱼，色青翠如筱[1]叶，故名。鳞下有朱砂点。味甚甘。

## 【注释】

[1] 筱（xiǎo）：小竹子。

## 【译文】

竹鱼，颜色青翠像嫩竹叶，所以得名。它的鳞下有朱砂点。这种鱼的味道非常美。

◎〔清〕聂璜《海错图》中的竹鱼

鲚鱼

鲚[1]鱼，一名"鲚[2]鱼"，又名"鲦鱼"，即鮆[3]鱼也。其状长而薄，形如尖刀，故名"鲚鱼"。郭注《山海经》曰："鮆狭薄而长头，其大者长尺余[4]。"常于春三秋八之月乃出。

◎《古今图书集成》中的鲚鱼

**【注释】**

[1] 魛：音 dāo。

[2] 鲚：音 jì。

[3] 鮆：音 jì。

[4]《山海经》郭璞注原文为："鮆鱼，狭薄而长头，大者尺余，太湖中今饶之，一名'刀鱼'。"

**【译文】**

魛鱼，也叫"鲚鱼"，又叫"鳢鱼"，就是鮆鱼。它的体形长而薄，样子像一把尖刀，所以得名"魛鱼"。郭璞注释《山海经》说："鮆鱼又窄又薄，长着长长的头，大的长一尺多。"它们常常在每年春三月或秋八月的时候才出现。

鲳鱼，即枪鱼[1]。一名"镜鱼"。有乌白二种，小者名"鲳鳊[2]"，身正圆，无硬骨，炙味美。以其与众鱼交，故从"昌"[3]。

**【注释】**

[1] 枪鱼：鲈形目旗鱼科几种长吻的大型海产鱼类的统称，与此处所说并非同一鱼类。鲳鱼又名"锵鱼"或"鲅鱼"，〔清〕薛绍元《台湾通志》引《四明志》："鲳鱼一名'锵鱼'，状若锵刀。"〔明〕李时珍《本草纲目·鳞部·鲳鱼》："鲳鱼……闽人讹为'鲅鱼'。"〔明〕屠本畯《闽中海错疏》卷上所述"鲅鱼"亦即鲳鱼。原文中"枪"写作异体字"铨"，似为"锵"字或"鲅"字之误。译文依原文。

[2] 鳊：音 biān。

[3] 故从"昌"：古人认为鲳鱼与其他鱼杂交，有类娼妓，故而使用与"娼"相同的偏旁"昌"。〔清〕聂璜《海错图》："俗比之为娼，以其与群鱼游也。或谓：'鲳鱼与杂鱼交。'考《珠玑薮》云：'鲳鱼游泳，群鱼随之，食其涎沫，有类于娼，故名似矣。'"本书亦持此说。但《本草纲目》则说："昌，美也，以味名。"

## 【译文】

鲳鱼，就是枪鱼。也叫"镜鱼"。有黑色和白色两种，小的叫作"鲳鳊"，身正体圆，没有硬骨，烤着吃味道很美。因为它跟各种鱼杂交，所以使用与"娼"相同的偏旁"昌"。

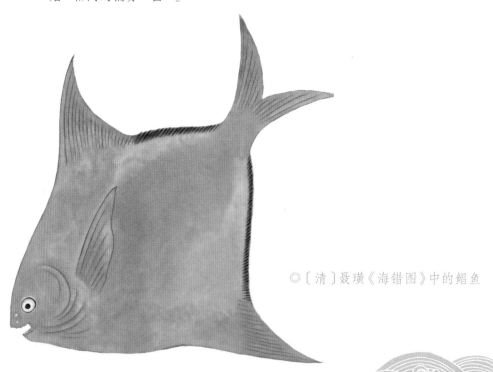

◎〔清〕聂璜《海错图》中的鲳鱼

鳊鱼，即鲂[1]鱼，小头缩项，穹[2]脊阔腹，扁身细鳞，其色青白。

## 【注释】

[1] 鲂：音 fáng。

[2] 穹：高。

## 【译文】

鳊鱼，就是鲂鱼，它脑袋小、脖子短，脊背高、腹部宽，身体扁、鳞片细，颜色青白。

鳜[1]鱼,扁形阔腹,大口细鳞,有黑斑采[2]斑,色明者为雄,晦[3]者为雌。

◎〔清〕聂璜《海错图》中的鳜鱼

## 【注释】

[1] 鳜：音 guì。

[2] 采：彩色，后作"彩"。《正字通·采部》："采，别作'彩'"。

[3] 晦：暗。

## 【译文】

鳜鱼，扁身宽腹，大嘴细鳞，身上有黑色和彩色的斑块，颜色明丽的是雄性，颜色暗淡的是雌性。

◎〔明〕全俶《金石昆虫草木状》中的鳜鱼

鳢鱼，圆长有斑点，夜则首仰朝北 [1]。诸鱼之胆味皆苦，独鳢鱼胆味甜。

【注释】

[1] 夜则首仰朝北：《尔雅翼》等书解释鳢鱼名字的来历："鳢鱼圆长而斑点有七点，作北斗之象，夜则仰首向北而拱焉，有自然之礼，故从'礼'。""鳢"与"礼"同音，故名。

## 【译文】

鳢鱼，体形又圆又长，生有斑点，夜间则仰头向北。各种鱼的胆都是苦的，单单鳢鱼胆的味道是甜的。

◎〔明〕王圻、王思义《三才图会》中的鳢鱼

柔鱼，类墨鱼[1]而长，无螵蛸骨[2]，故名"柔鱼"。

## 【注释】

[1] 墨鱼：即乌贼。

[2] 螵蛸（piāo xiāo）骨：乌贼科动物中的无针乌贼或金乌贼的干燥内壳，古人认为这是乌贼的骨头，也叫"海螵蛸"，是一味中药。〔清〕聂璜《海错图》："脊骨如梭而轻，每多飘散海上，故名'海螵蛸'。""又云其背骨轻浮，名'海螵蛸'者，非因烹而食者剖存而得名也。墨鱼散后尸解，其肉不知作何变化，其背骨往往浮出海上，故曰'海螵蛸'。"

## 【译文】

柔鱼，长得像墨鱼但比墨鱼长，没有螵蛸骨，所以叫"柔鱼"。

飞鱼，一名"文鳐"，生海南[1]，大者长尺许，有翅与尾齐。群飞海上，便有大风。《吴都赋》云："文鳐夜飞而触网[2]。"

◎〔明〕崇祯刊本《山海经》中的文鳐

**【注释】**

[1] 海南：《证类本草》《尔雅翼》等书均作"南海"。译文作"南海"。

[2] 文鳐夜飞而触网：《吴都赋》原文为"文鳐夜飞而触纶（lún）"，纶，较粗的丝线，多指钓鱼的丝线，这里指小网。

**【译文】**

飞鱼，也叫"文鳐鱼"，生长在南海，大的有一尺来长，它生有鳍翅，与尾巴相齐。它们成群地在海上飞的时候，就预示着要有大风。《吴都赋》里说："文鳐晚上飞的时候触到了小网。"

◎〔清〕聂璜《海错图》中的飞鱼

赤鬃鱼，《琼府志》云："鳞鳍皆浅红色，俗谓之'红鱼'，可作脯[1]，出儋州昌化者佳。"

**【注释】**

[1] 脯（fǔ）：肉干。

**【译文】**

赤鬃鱼，《琼府志》里说："它的鳞和鳍都是浅红色的，俗称'红鱼'，可以制成鱼肉干，产自儋州昌化的最好。"

鲴[1]鱼,即鲂[2]鱼,《闽中海错疏》[3]云:"鲂,鲈之别种,圆厚短蹙,味丰。"《楚词》[4]"鲴鳙短狐[5]"是也。

**【注释】**

[1] 鲴:音 yú。

[2] 鲂:音 wǔ。

[3]《闽中海错疏》:一部记述我国福建沿海各种水产动物形态、生活环境、生活习性和分布的著作,共三卷,作者为明代屠本畯。

[4]《楚词》:应为"《楚辞》",我国文学史上第一部浪漫主义诗歌总集。西汉刘向收集了屈原的作品、战国宋玉的作品、汉代淮南小山、东方朔、王褒等人及刘向自己的风格类似的作品结集成书,全书以屈原作品为主,其余各篇也是承袭屈赋的形式。因其运用楚地的文学样式、方言声韵和风土物产等,具有浓厚的地方色彩,故名"楚辞"。

[5]鳙鱅（yōng）短狐：出自《楚辞·大招》："鳙鱅短狐，王虺（huǐ）
骞（qiān）只。"〔汉〕王逸《楚辞章句》："鳙鱅，短狐类也，短狐，鬼
蜮（yù）也。"〔宋〕洪兴祖《楚辞补注》："鳙鱅状如犁牛。又，鳙，鱼名，
皮有文。鱅鱼，音如彘鸣。"

## 【译文】

鳙鱼，就是鲊鱼，《闽中海错疏》里说："鲊鱼，是鲈鱼的另一个品种，它
体形圆厚收缩，味道很浓。"《楚辞》里写的"鳙鱅短狐"就是它。

角鱼，其头三棱，有赤角、白角二种，白角鱼有翅能飞。

## 【译文】

角鱼，头上有三道棱，这种鱼有红角、白角两种，白角鱼长有翅鳍，能够飞翔。

带鱼，长二三尺，身扁狭如带，尖嘴细尾，色如白银，肉细滋腻[1]。

## 【注释】

[1] 滋腻：厚味，难以消化吸收。

## 【译文】

带鱼，长两三尺，身体又扁又窄，像条带子，它长着尖尖的嘴、细小的尾巴，颜色像白银一样，它的肉质很细，味道浓，不易吸收。

鳙白鱼，《琼府志》云："相传鲥鱼是鳙白鱼所变，在海为鳙白，在江为鲥鱼。"鳙白于春，鲥鱼于夏，其味皆美。

【译文】

鳙白鱼，《琼府志》里说："相传鲥鱼是鳙白鱼所变，在海里就是鳙白鱼，在江里就是鲥鱼。"在春天吃鳙白鱼，在夏天吃鲥鱼，味道都鲜美。

◎《古今图书集成》中的鲥鱼

鳙鱼，状似鲢而色黑，其头最大，一名"鳛[1]"。《山海经》云"鳛鱼似鲤，大首，食之已[2]疣[3]"是也。《琼府志》云："郡人呼为'胖头鱼'，多出定安[4]。"

【注释】

[1] 鳛：音 xiū。

[2] 已：治愈、病愈。〔唐〕柳宗元《捕蛇者说》："然得而腊（xī）之以为饵，可以已大风、挛踠（luán wǎn）、瘘（lòu）、疠。"

[3] 疣（yóu）：由人类乳头瘤病毒引起的一种皮肤表面赘生物。

[4] 定安：今海南省定安县，位于海南岛的中部偏东北。

**【译文】**

鱃鱼，样子像鲢鱼但颜色比鲢鱼黑，它的脑袋最大，也叫"鳙鱼"。《山海经》里说"鳙鱼像鲤鱼，大脑袋，吃了可以治疗赘疣"，说的就是它。《琼府志》里说："郡中人管它叫'胖头鱼'，这种鱼多产自定安。"

◎《古今图书集成》中的鱃鱼

鲖[1]鱼,《北户录》云:"鲖鱼,即鳝[2]鱼。"《琼府志》云:"广之恩州[3]出鹅毛脡[4],细如毛,用盐藏之。"郭义恭[5]言"武阳小鱼大如针,一斤千头"是也。

## 【注释】

[1] 鲖:音 gāng。

[2] 鳝:音 yù。

[3] 恩州:今恩平,广东省江门市代管县级市,位于江门市西部,清朝时隶属广东省广肇罗道肇庆府。

[4] 鹅毛脡(tǐng):也叫"鹅毛鱼",《北户录》《天中记》《本草纲目》《通雅》等书作"鹅毛脡",《太平寰宇记》《大明一统志》作"鹅毛鲢(tǐng)",〔清〕聂璜《海错图》作"鹅毛艇"。聂璜认为捕捉此鱼时需驾小艇,张灯诱捕,此鱼能飞入艇中,故其名有"艇"。(渔人不施网,用独木小艇,长仅六七尺,艇外以蛎粉白之,黑夜则乘艇,张灯于竿,停泊海岸。鱼

见灯，俱飞入艇。鱼多则急息灯，否则恐溺艇也。即名其鱼为"鹅毛艇"。）

[5] 郭义恭：晋代学者，生平事迹不详，著有《广志》。

## 【译文】

鲷鱼，《北户录》里说："鲷鱼，就是鳞鱼。"《琼府志》里说："广东的恩州出产鹅毛脡，细小如毛，用盐储藏。"郭义恭说的"武阳小鱼大小像针一样，一斤有上千条"，说的就是它。

◎〔清〕聂璜《海错图》中的"鹅毛艇"

附

舌鱼、广舌鱼

二鱼产高丽,形同箬[1]叶,比目鱼之类。

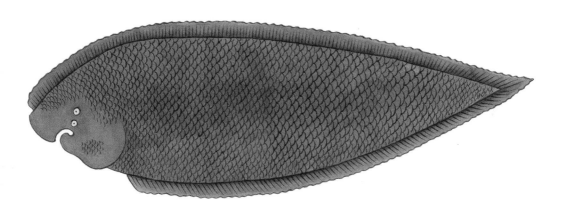

◎〔清〕聂璜《海错图》中的箬叶鱼

**【注释】**

[1] 箬：一种竹子，叶大而宽，可编竹笠，又可用来包粽子。

**【译文】**

这两种鱼产自高丽，样子像竹叶，是比目鱼之类的鱼。

　　生东北海，俗名"大口鱼"，性平[1]味盐，食之补气，肠与脂味尤佳。按：字书有"吴[2]"字，注云"鱼之大口者"，朝鲜人作"夻[3]"，文异而义同。

**【注释】**

[1] 性平：药物或食物性质平和，是除寒、热、温、凉四种特性之外的一种特性，介于寒凉和温热之间。

[2] 吴：音 huà。

[3] 夻：音 huà。

**【译文】**

　　夻鱼生长在东北海，俗名叫"大口鱼"，它性质平和，味道咸，食用后可以补气，它的肠子和脂肪味道更佳。按：字书里有"吴"字，注释说是"大嘴的鱼"，朝鲜人写作"夻"，文字不同但意思相同。

味极珍异，肉肥色赤，鲜明[1]若松节[2]，故名"松鱼"。东北江海中所产。

**【注释】**

[1] 鲜明：光彩明亮。

[2] 松节：松树的节心，富油脂，古时常用以照明，又可入药。

**【译文】**

这种鱼的味道极其少见并且很特别，它的肉很肥嫩，颜色为红色，光彩明亮得像松树的节心，所以名叫"松鱼"。这种鱼是东北江海中所产的。

民鱼

高丽人以民鱼为鮰鱼。按：鮰鱼味美无毒，鳔可作胶，一名"江鳔"。

## 【译文】

高丽人认为民鱼是鮰鱼。按：鮰鱼味美无毒，鱼鳔可以制成胶，也叫"江鳔"。

鲢
鱼

味甘美，卵如真珠[1]，色微红，其味尤美，产北江海中。

【注释】

[1] 真珠：即珍珠。

【译文】

鲢鱼味道甘美，它的鱼子像珍珠一样，颜色微红，味道鲜美，这种鱼产在北江海中。

朝鲜国产银口鱼，性平无毒，宽中[1]健胃，合生姜作羹最良。即中国之银条鱼也。

**【注释】**

[1] 宽中：即疏郁理气，治疗因情志抑郁而引起的气滞。

**【译文】**

朝鲜国出产银口鱼，性质平和，没有毒，食用它能理气健胃，与生姜一起做成鱼羹效果最佳。这种鱼就是中国的银条鱼。

# 后记

　　小时候，偶然在我亲戚家的一本画报上看到《温峤燃犀》，从此就记住了这个神异的故事。初中时，喜欢舞刀弄剑，也因此喜欢上了那些与之相关的诗词，在辛弃疾那首《水龙吟·过南剑双溪楼》中，似曾相识的句子一下子唤醒了童年的记忆："待燃犀下看，凭栏却怕，风雷怒，鱼龙惨。"通过书中的注释，我彻底弄明白了这个典故的内涵。高二那年，有一次语文课做阅读题，里面有"犀角烛怪"一语，彼时网络尚不发达，语文老师没有查到"犀角烛怪"的确切含义，讲课时就大致按照"犀利"的意思讲解。而年少轻狂的我则如子路"率尔而对"般地举手跟老师说："这是用温峤点燃犀牛角照见水里精怪的典故形容文章深刻地揭露了黑暗。"教我语文的吴涛老师回到办公室，兴奋地告诉整个语文组："我的学生解决了大家的困惑。"因为此事，全校语文老师都知道了我的名字。让我没想到的是，"燃犀"这个典故与我的缘分竟还未止于此：2019年，我点校整理了清代康熙年间学者、画师聂璜的博物学著作《海错图》，在查阅与之相关的资料时，看到了乾隆年间学者李调元所著的《然犀志》。两部作品在内容、风格上颇有几分相似，于是我就产生了点校、译注《然犀志》的想法。

《然犀志》的点校、译注工作相对容易很多，这一方面是由于校译《海错图》积累了一些经验，另一方面则是因为《然犀志》一书的内容与文字相对简单许多。虽然《然犀志》的诞生比《海错图》晚八十余年，其作者李调元又是当时第一流的大才子、大学者，但学富五车的李调元却未能"站在巨人的肩膀上"。《然犀志》不仅对《海错图》在海洋生物方面的学术成果几乎未有一丝一毫的吸收与借鉴，而且无论其文采还是知识面，都逊色一筹。盖因《海错图》自雍正四年进入清宫之后，先是被束之高阁，乾隆以后又成了皇帝私人的"枕边书"，天下读书人则无缘一睹其真容。当知识被专制统治者垄断，学术的进步也就变得举步维艰了。从《海错图》诞生到《然犀志》诞生的这段时间，正是中国历史上文字狱最为严重的时期，文人们一头扎进故纸堆，不再关心学以致用，甚至自然科学研究都成了考据之学。两部书的差距，也正是那个时代中国文化由盛转衰的缩影。不过，尽管难与《海错图》那样的巨著比肩，但李调元渊博的学识修养和严谨的治学态度还是赋予了《然犀志》较高的科学价值与文学价值，它仍不失为我国古代博物学的佳作之一。

《然犀志》一书在清代曾刊刻出版过多次，商务印书馆也曾于1939年出版过《然犀志》的标点本，系王云五先生主编的《丛书集成初编》中的一种。本书点校时，先是以丛书集成本《然犀志》为底本。然而丛书集成本颇有讹误，如其"西施舌"条中，"脆啮妃子唇"一句殊难理解。后来花费千余元购得清光绪七年刊本核对，方知此句实乃"诧啮妃子唇"。这"一字千金"的收获让我转而以光绪刊本为底本重新点校，由此发现的几处丛书集成本的讹误我均已在注释中予以说明。

卖弄学问，大抵是古代多数文人的通病，在这一点上李调元也未能免俗。为追求古意，作者在书名中故意使用了"燃"的古字"然"。对此，本书并未按照现代习惯予以更改。另外，《然犀志》中还有大量的异体字，点校时，除了"弔""鳣"等极少数异体字予以保留，绝大部分都统一为通用规范字。

为了让这个译注本内容更丰富，在注释、翻译之外，我还从《三才图会》《古今图书集成》《金石昆虫草木状》《海错图》等书中选取了几十幅与本书内容相关的插图收入书中，相信这些插图能帮助我们更好地了解古人眼中多姿多彩的海洋生物。

本书是《然犀志》的第一个译注本，一定有很多不足之处，敬请各位读者多多指正。我也期待着以后不断修订增补，使其更加完善。

感谢周松芳老师为此书倾情作序。周老师是知名的岭南文化学者，而《然犀志》恰好是李调元在广东担任学政时所作，周老师的序言与之可谓相得益彰。感谢我的工作单位哈尔滨师范大学文学院资助此书的出版，感谢天津社会科学院出版社为此书出版所做的细致工作，感谢编辑胡宇尘女史付出的辛苦劳动，也感谢好友李佳航女史在此书出版过程中给予我的无私帮助。

刘　斌

癸卯四月于冰城守痴轩